"十四五"职业教育国家规划教材

高等院校
数字艺术精品课程系列教材

U0742435

# H5页面设计与制作 第2版

全彩慕课版

周建国 主编／王欣 丁莎 甘忆 副主编

人民邮电出版社

北 京

**图书在版编目（CIP）数据**

H5页面设计与制作：全彩慕课版 / 周建国主编. --
2版. -- 北京：人民邮电出版社，2024.11
高等院校数字艺术精品课程系列教材
ISBN 978-7-115-63746-8

Ⅰ. ①H… Ⅱ. ①周… Ⅲ. ①超文本标记语言－程序
设计－高等学校－教材 Ⅳ. ①TP312.8

中国国家版本馆CIP数据核字(2024)第035009号

## 内 容 提 要

本书全面、系统地介绍 H5 页面的相关知识和基本制作方法。全书共 10 章，包括初识 H5 页面、H5 页面的设计与制作、互动游戏 H5 页面的制作、活动抽奖 H5 页面的制作、测试问答 H5 页面的制作、滑动翻页 H5 页面的制作、长页滑动 H5 页面的制作、画中画 H5 页面的制作、3D/全景 H5 页面的制作及视频动画 H5 页面的制作等内容。

全书内容以课堂案例为主线，每个课堂案例都以"项目策划—交互设计—视觉设计—制作发布"的顺序展开讲解，条理清晰，步骤详细，并配有微课视频，学生通过实际操作可以快速熟悉 H5 技术并领会设计思路。第 3～10 章还设置课堂练习和课后习题，用以提高学生的实际应用能力。

本书可作为高等院校和职业院校数字艺术类专业 H5 课程的教材，也可作为 H5 页面设计初学者的参考书。

◆ 主　　编　周建国
　　副主编　王　欣　丁　莎　甘　忆
　　责任编辑　王亚娜
　　责任印制　王　郁　焦志炜
◆ 人民邮电出版社出版发行　　　北京市丰台区成寿寺路 11 号
　　邮编　100164　　电子邮件　315@ptpress.com.cn
　　网址　https://www.ptpress.com.cn
　　北京捷迅佳彩印刷有限公司印刷
◆ 开本：787×1092　1/16
　　印张：10.5　　　　　　　　　　　2024 年 11 月第 2 版
　　字数：279 千字　　　　　　　　　2025 年 6 月北京第 3 次印刷

定价：59.80 元

读者服务热线：(010)81055256　印装质量热线：(010)81055316
反盗版热线：(010)81055315

# H5

# 前言

本书全面贯彻党的二十大精神，以社会主义核心价值观为引领，传承中华优秀传统文化，坚定文化自信。为使本书内容更好地体现时代性、把握规律性、富于创造性，编者对本书的体例结构做了精心的设计。

## 如何使用本书

第一步，学习精选基础知识，快速熟悉 H5 页面设计。

前期策划 ▶ 交互设计 ▶ 设计执行 ▶▶ 制作开发 ▶▶ 测试发布 ▶▶ 运营推广

第二步，通过知识点解析 + 课堂案例，熟悉设计思路，掌握制作方法。

## 6.1 课堂案例——文化传媒企业招聘 H5 页面的制作

了解学习目标和知识要点

【案例学习目标】了解文化传媒企业招聘 H5 页面的项目策划及交互设计思路，学习使用 Photoshop 制作 H5 页面视觉效果的方法，以及使用凡科微传单制作和发布 H5 的方法。

【案例知识要点】使用谷歌浏览器登录凡科官网，使用凡科微传单制作文化传媒企业招聘 H5 页面；使用 Photoshop 制作首页、关于我们、工作环境、福利待遇、招聘岗位、招聘流程和岗位申请等页面的视觉效果；使用凡科微传单的动画功能制作 H5 页面动画，效果如图 6-1 所示。

【效果所在位置】云盘 /Ch06/ 效果 / 文化传媒企业招聘 H5 页面的制作。

图 6-1

扫码观看操作步骤

### 6.1.1 项目策划

　　Art Design 是一家成立了近 20 年的专业广告设计公司，此次想通过 H5 页面进行企业人才招聘。在内容上，分为首页、关于我们、工作环境、福利待遇、招聘岗位、招聘流程以及岗位申请。在视觉上，运用图文结合以及高级灰体现公司的沉稳大气。在制作上，摒弃复杂的表现效果，采用简单翻页效果以让用户的注意力集中在招聘内容上。

### 6.1.2 交互设计

　　通过前期基本的项目策划，设计师对 H5 页面的原型进行了梳理，并运用 Axure 进行了绘制，如图 6-2 所示。

### 6.1.3 视觉设计

#### 1. 首页

　　（1）打开 Photoshop。按"Ctrl+N"组合键，新建一个文件，宽度为 750 像素，高度为 1206 像素，分辨率为 72 像素 / 英寸，背景内容为白色，单击"创建"按钮，完成文档新建。

　　（2）选择"文件 > 置入嵌入的对象"命令，弹出"置入嵌入的对象"对话框，分别选择云盘中的"Ch06 > 文化传媒企业招聘 H5 页面的制作 > 视觉设计 > 素材 > 01、02"文件，单击"置入"按钮，将图片置入图像窗口中，将其分别拖曳到适当的位置并调整大小，按"Enter"键确定操作，效果如图 6-3 所示。在"图层"控制面板中分别生成新图层并将其命名为"底图"和"地球"，如图 6-4 所示。

　　（3）选择"横排文字工具" **T.**，在适当的位置输入需要的文字并选择文字，在属性栏中选择合适的字体并设置文字大小，效果如图 6-5 所示，在"图层"控制面板中生成新的文字图层。

图 6-3　　　　　　　图 6-4　　　　　　　图 6-5

# H5

# 前言

第三步，完成课堂练习 + 课后习题，提升应用能力。

巩固本章所学知识

更多商业案例

## 6.2 课堂练习——车展观展邀请 H5 页面的制作

【练习知识要点】使用谷歌浏览器登录 iH5 官网，使用 Photoshop 制作页面的视觉效果，使用 iH5 的动效和翻页功能制作最终效果，效果如图 6-119 所示。

【效果所在位置】云盘 /Ch06/ 效果 / 车展观展邀请 H5 页面的制作。

## 6.3 课后习题——教育咨询行业培训招生 H5 页面的制作

【习题知识要点】使用谷歌浏览器登录凡科官网，使用凡科微传单制作教育咨询行业培训招生 H5 页面，使用 Photoshop 制作各个页面的视觉效果，使用凡科微传单的翻页和快闪功能制作最终效果，效果如图 6-120 所示。

【效果所在位置】云盘 /Ch06/ 效果 / 教育咨询行业培训招生 H5 页面的制作。

图 6-120

第四步，循序渐进，演练真实商业项目制作过程。

模板使用

翻页效果

滑动页面

画中画页面

球体仪效果

走马灯效果

全景效果

视频动画

## 配套资源

登录人邮教育社区（www.ryjiaoyu.com）搜索本书，在相关页面中免费下载配套资源：

- 所有案例的素材文件及最终效果文件；
- 全书 10 章 PPT 课件；
- 教学大纲；
- 配套教案。

登录人邮学院网站（www.rymooc.com），或扫描封底二维码，使用手机号码完成注册，选择"学习卡"，输入封底刮刮卡中的激活码，即可在线观看本书慕课视频。

## 教学指导

本书的参考学时为 64 学时，其中实训环节为 34 学时，各章的参考学时见表 1。

### 表 1　参考学时

| 章 | 内　容 | 学时分配／学时 | |
|---|---|---|---|
| | | 讲授 | 实训 |
| 第 1 章 | 初识 H5 页面 | 2 | — |
| 第 2 章 | H5 页面的设计与制作 | 2 | — |
| 第 3 章 | 互动游戏 H5 页面的制作 | 2 | 2 |
| 第 4 章 | 活动抽奖 H5 页面的制作 | 2 | 2 |
| 第 5 章 | 测试问答 H5 页面的制作 | 2 | 2 |
| 第 6 章 | 滑动翻页 H5 页面的制作 | 4 | 8 |
| 第 7 章 | 长页滑动 H5 页面的制作 | 4 | 4 |
| 第 8 章 | 画中画 H5 页面的制作 | 4 | 4 |
| 第 9 章 | 3D/ 全景 H5 页面的制作 | 4 | 4 |
| 第 10 章 | 视频动画 H5 页面的制作 | 4 | 8 |
| 学时总计 | | 30 | 34 |

由于编者水平有限，书中难免存在不足之处，敬请广大读者批评指正。

编者

2024 年 6 月

# 目录

## —01—

### 第1章　初识 H5 页面

1.1　H5 页面的定义 ……………… 2

1.2　H5 页面的发展 ……………… 2

1.3　H5 页面的特点 ……………… 3

1.4　H5 页面的应用 ……………… 4

1.5　H5 页面的类型 ……………… 4

## —02—

### 第2章　H5 页面的设计与制作

2.1　设计与制作 H5 页面的项目流程 … 7

2.2　设计与制作 H5 页面的常用软件 … 7

2.3　设计与制作 H5 页面的基本规范… 8

2.4　设计与制作 H5 页面的注意
事项 ………………………… 12

2.5　H5 页面的创意实现 ………… 15

2.5.1　H5 页面的内容策划 …… 15

2.5.2　H5 页面的交互设计 …… 18

2.5.3　H5 页面的视觉设计 …… 22

2.5.4　H5 页面的动效设计 …… 25

2.5.5　H5 页面的音效设计 …… 28

2.5.6　H5 页面的测试方法 …… 29

2.5.7　H5 页面的数据分析 …… 29

## —03—

### 第3章　互动游戏 H5 页面的
制作

3.1　课堂案例——花样元宵消消消
H5 页面的制作 ……………… 32

3.1.1　项目策划 …………… 32

3.1.2　交互设计 …………… 32

3.1.3　视觉设计 …………… 33

3.1.4　制作发布 …………… 33

3.2　课堂练习——中秋狂欢翻牌子
H5 页面的制作 ……………… 37

3.3　课后习题——喜迎新春打地鼠
H5 页面的制作 ……………… 37

# H5

## ― 04 ―

### 第 4 章　活动抽奖 H5 页面的制作

4.1　课堂案例——电商抽奖九宫格 H5 页面的制作 ‥‥‥‥‥ 39

4.1.1　项目策划 ‥‥‥‥ 39

4.1.2　交互设计 ‥‥‥‥ 39

4.1.3　视觉设计 ‥‥‥‥ 40

4.1.4　制作发布 ‥‥‥‥ 44

4.2　课堂练习——新年旺财摇一摇 H5 页面的制作 ‥‥‥‥ 46

4.3　课后习题——情满端午刮刮乐 H5 页面的制作 ‥‥‥‥‥ 47

## ― 05 ―

### 第 5 章　测试问答 H5 页面的制作

5.1　课堂案例——腊八知识测试问答 H5 页面的制作 ‥‥‥‥ 49

5.1.1　项目策划 ‥‥‥‥ 49

5.1.2　交互设计 ‥‥‥‥ 49

5.1.3　视觉设计 ‥‥‥‥ 50

5.1.4　制作发布 ‥‥‥‥ 52

5.2　课堂练习——古诗词测试问答 H5 页面的制作 ‥‥‥‥ 53

5.3　课后习题——IT 互联网行业脑力测试 H5 页面的制作 ‥‥‥‥ 54

## ― 06 ―

### 第 6 章　滑动翻页 H5 页面的制作

6.1　课堂案例——文化传媒企业招聘 H5 页面的制作 ‥‥‥‥‥ 56

6.1.1　项目策划 ‥‥‥‥ 57

6.1.2　交互设计 ‥‥‥‥ 57

6.1.3　视觉设计 ‥‥‥‥ 57

6.1.4　制作发布 ‥‥‥‥ 72

6.2　课堂练习——车展观展邀请 H5 页面的制作 ‥‥‥‥ 76

6.3　课后习题——教育咨询行业培训招生 H5 页面的制作 ‥‥‥‥ 76

# 目 录

## —07—

## 第 7 章　长页滑动 H5 页面的制作

7.1　课堂案例——传统美食中式糕点
　　　介绍 H5 页面的制作 ………… 79
　　7.1.1　项目策划 ………… 79
　　7.1.2　交互设计 ………… 79
　　7.1.3　视觉设计 ………… 80
　　7.1.4　制作发布 ………… 85
7.2　课堂练习——新媒体行业会议
　　　邀请 H5 页面的制作 ………… 89
7.3　课后习题——中国传统茶文化
　　　介绍 H5 页面的制作 ………… 90

## —08—

## 第 8 章　画中画 H5 页面的制作

8.1　课堂案例——互联网行业会议
　　　邀请 H5 页面的制作 ………… 92
　　8.1.1　项目策划 ………… 92

8.1.2　交互设计 ………… 92
8.1.3　视觉设计 ………… 93
8.1.4　制作发布 ………… 107
8.2　课堂练习——互联网行业企业
　　　招聘 H5 页面的制作 ………… 110
8.3　课后习题——购物季食品营销
　　　活动 H5 页面的制作 ………… 111

## —09—

## 第 9 章　3D/ 全景 H5 页面的制作

9.1　课堂案例——食品餐饮行业新年
　　　祝福 H5 页面的制作 ………… 114
　　9.1.1　项目策划 ………… 114
　　9.1.2　交互设计 ………… 115
　　9.1.3　视觉设计 ………… 115
　　9.1.4　制作发布 ………… 126
9.2　课堂练习——新年年货礼品促销
　　　H5 页面的制作 ………… 130
9.3　课后习题——家居室内家具推广
　　　H5 页面的制作 ………… 131

# H5

## —10—

### 第 10 章 视频动画 H5 页面的制作

10.1 课堂案例——旅游出行活动
推广 H5 页面的制作 ……… 133

10.1.1 项目策划 ……………… 133
10.1.2 交互设计 ……………… 134
10.1.3 视觉设计 ……………… 134
10.1.4 制作发布 ……………… 148

10.2 课堂练习——文化传媒行业活动
推广 H5 页面的制作 ……… 155

10.3 课后习题——电子数码行业
品牌推广 H5 页面的制作 … 156

# 第 1 章

# 初识 H5 页面

**01**

▶ **本章介绍**

　　随着移动互联网的兴起，H5 页面逐渐成为文化、商业等领域的重要传播形式之一，因此学习 H5 页面的设计与制作已成为互联网从业人员的重要任务。本章对 H5 页面的定义、发展、特点、应用及类型进行简要介绍。通过本章的学习，读者可以对 H5 页面有初步的认识，有助于后续的深入学习。

**学习目标**

● 了解 H5 页面的定义。
● 了解 H5 页面的发展。
● 了解 H5 页面的特点。
● 熟悉 H5 页面的应用。
● 熟悉 H5 页面的类型。

**素养目标**

● 培养学生的信息获取能力。
● 培养学生的互联网思维。

微课
第 1 章简介

# 1.1 H5 页面的定义

H5 是超文本链接标记语言第 5 代（Hyper Text Markup Language 5，HTML 5）的缩写，是互联网的下一代标准。H5 页面（见图 1-1）则是基于 H5 技术的交互动态网页，是互联网中广泛使用的一种传播形式，可通过移动平台（如微信）进行传播。

图 1-1

# 1.2 H5 页面的发展

H5 页面的发展大致可分为开始阶段、成长阶段、绽放阶段和成熟阶段 4 个阶段。

**1. 开始阶段**

H5 页面的开始阶段可以追溯到 2014 年，其最初的呈现状态和 PPT 演示文稿类似，即将经过简单设计的静态页面设置成滑动翻页效果。该阶段的 H5 页面常用于婚礼邀请、企业招聘等。图 1-2 所示为婚礼邀请函 H5 页面模板。

**2. 成长阶段**

2014 年下半年，一款名为《围住神经猫》的 H5 小游戏引发了大众的关注，让 H5 页面被传播领域熟知，H5 页面开始快速发展，进入成长阶段。

**3. 绽放阶段**

2015—2016 年是 H5 页面的绽放阶段。在这一阶段，H5 页面的交互设计更加丰富，表现形式新颖（见图 1-3），这大大增加了用户的参与感、提高了用户分享 H5 页面的意愿。

图 1-2

**4. 成熟阶段**

2017 年后，H5 页面开始走向成熟。在这一阶段，H5 页面摒弃了过于复杂的交互效果，而是更加关注内容。这阶段 H5 页面传播量较大的一是纯视频类 H5 页面，二是测试类 H5 页面，如图 1-4 所示。

图 1-3

图 1-4

# 1.3　H5 页面的特点

H5 页面具有跨平台、多媒体、强互动和易传播的特点，如图 1-5 所示。

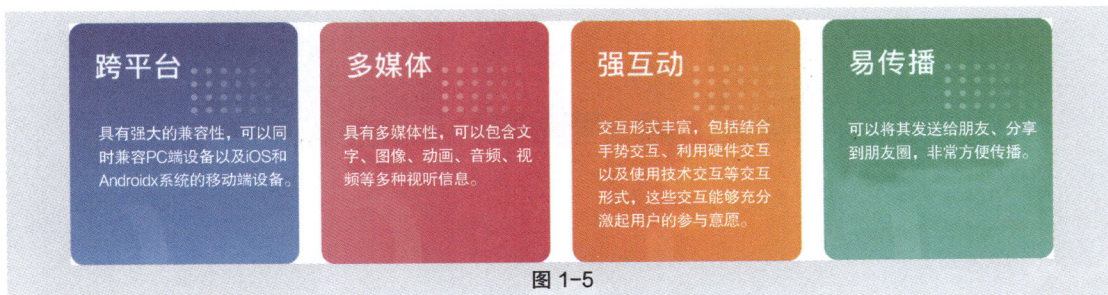

| 跨平台 | 多媒体 | 强互动 | 易传播 |
|---|---|---|---|
| 具有强大的兼容性，可以同时兼容PC端设备以及iOS和Androidx系统的移动端设备。 | 具有多媒体性，可以包含文字、图像、动画、音频、视频等多种视听信息。 | 交互形式丰富，包括结合手势交互、利用硬件交互以及使用技术交互等交互形式，这些交互能够充分激起用户的参与意愿。 | 可以将其发送给朋友、分享到朋友圈，非常方便传播。 |

图 1-5

## 1.4　H5 页面的应用

　　H5 页面的常见应用领域有品牌宣传、产品展示、活动推广、知识分享、新闻热点、会议邀请、企业招聘、培训招生等，如图 1-6 所示。

图 1-6

## 1.5　H5 页面的类型

　　H5 页面可分为营销宣传、知识新闻、游戏互动及网站应用 4 类。

**1. 营销宣传类**

　　营销宣传类 H5 页面较为常见，通常用于产品、品牌的推广或活动宣传，如图 1-7 所示。

图 1-7

**2. 知识新闻类**

　　知识新闻类 H5 页面通常用于对社会新闻进行宣传或知识普及，如图 1-8 所示。

图 1-8

### 3. 游戏互动类

游戏互动类 H5 页面一般比较简单，可以直接操作而无须安装，多用于娱乐，如图 1-9 所示。

图 1-9

### 4. 网站应用类

网站应用类 H5 页面在产品设计领域常被称为"H5 网站"，通常带有大量信息及 App 的部分功能，如图 1-10 所示。用户可以直接在浏览器中观看和操作，无须安装。

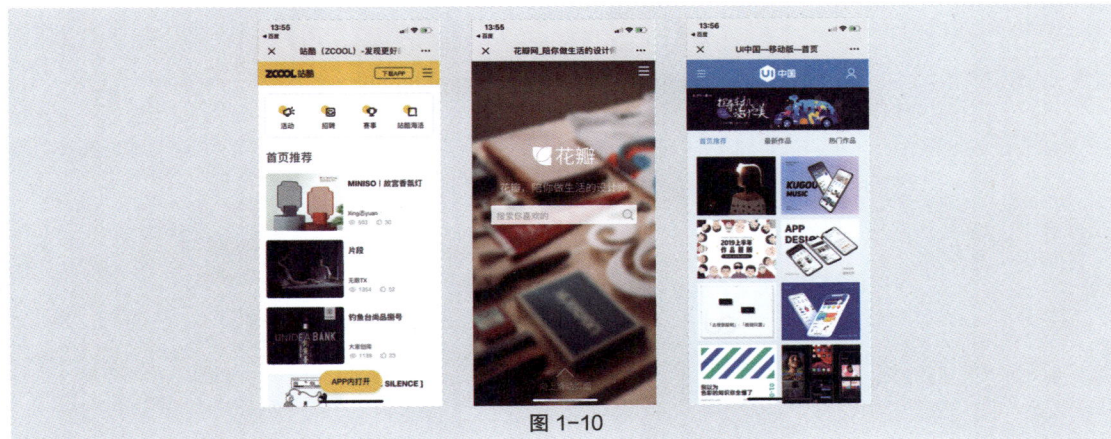

图 1-10

# 第2章

# H5 页面的设计与制作

▶ **本章介绍**

　　从 0 到 1 打造一款 H5 页面是前期策划、交互设计、设计执行及制作开发等环节相互配合的综合过程。本章对设计与制作 H5 页面的项目流程、常用软件、基本规范、注意事项及创意实现进行系统讲解。通过本章的学习，读者可以对 H5 页面的设计与制作有基本的认识，有助于提高 H5 设计与制作的效率。

**学习目标**

- 了解设计与制作 H5 页面的项目流程。
- 熟悉设计与制作 H5 页面的常用软件。
- 掌握设计与制作 H5 页面的基本规范。
- 掌握设计与制作 H5 页面的注意事项。
- 熟悉 H5 页面的创意实现。

微课

第2章简介

**素养目标**

- 培养学生对 H5 页面设计与制作的兴趣。
- 培养学生维护网络健康环境的责任感。

## 2.1　设计与制作 H5 页面的项目流程

通常，设计与制作 H5 页面的项目流程包括前期策划、交互设计、设计执行、制作开发、测试发布及运营推广，如图 2-1 所示。较为复杂的 H5 页面往往会由团队分工合作完成，简单的 H5 页面则可以由综合能力较强的设计师独立完成。

图 2-1

## 2.2　设计与制作 H5 页面的常用软件

设计与制作 H5 页面的常用软件包括前期策划软件、交互设计软件、视觉设计软件、动效设计软件、影音编辑软件、制作开发工具和在线辅助工具 7 类，如图 2-2 所示。

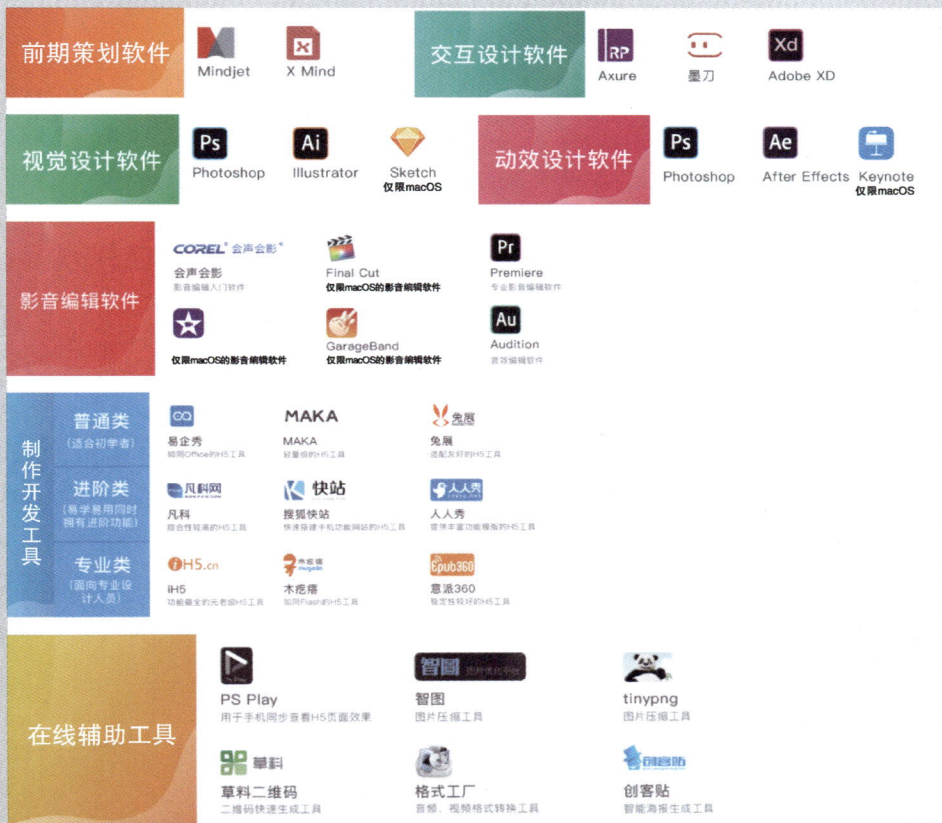

图 2-2

## 2.3 设计与制作 H5 页面的基本规范

设计与制作 H5 页面的基本规范体现在设计尺寸、页面适配、文字使用及图片压缩 3 个方面。

### 1. H5 页面的设计尺寸

目前的 H5 在线制作工具普遍采用在 iPhone 5/5s 的屏幕尺寸 640 像素 ×1136 像素的基础上，在高度上减去微信或浏览器导航栏和状态栏 128 像素，因此画面最终的有效尺寸是 640 像素 ×1008 像素，如图 2-3 所示。

图 2-3

个别 H5 在线制作工具的有效尺寸与众不同。例如凡科的画面最终有效尺寸是 750 像素 ×1206 像素，该有效尺寸由 iPhone 6/7/8 的屏幕尺寸去掉导航栏和状态栏高度得到，如图 2-4 所示。而 iH5 的默认尺寸是 640 像素 ×1040 像素，该有效尺寸由 iPhone 6Plus/7Plus/8Plus 的屏幕尺寸去掉导航栏和状态栏高度并整体缩小得到，如图 2-5 所示。因此 H5 的设计尺寸需要结合最终应用场合来确定。

图 2-4

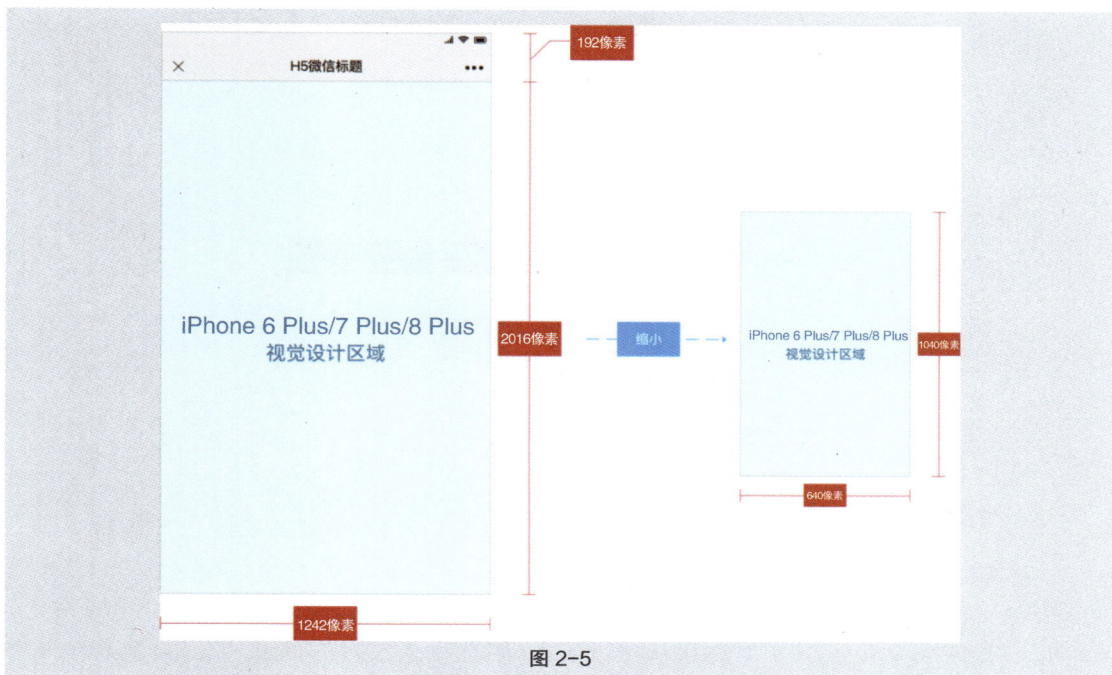

图 2-5

### 2．H5 页面的适配

H5 页面的适配包括制作工具的自动适配、页面安全区的设置及其他设备的处理 3 个方面。

（1）制作工具的自动适配

H5 页面的在线制作工具本身具备自动适配的功能，可以保证对大多数手机的自动满屏适配。部分 H5 页面的在线制作工具会借鉴印刷行业的做法，设置"出血"，即内、外框之间的区域仅用于填充不同手机屏幕边缘区域，确保不会露白，如图 2-6 所示。

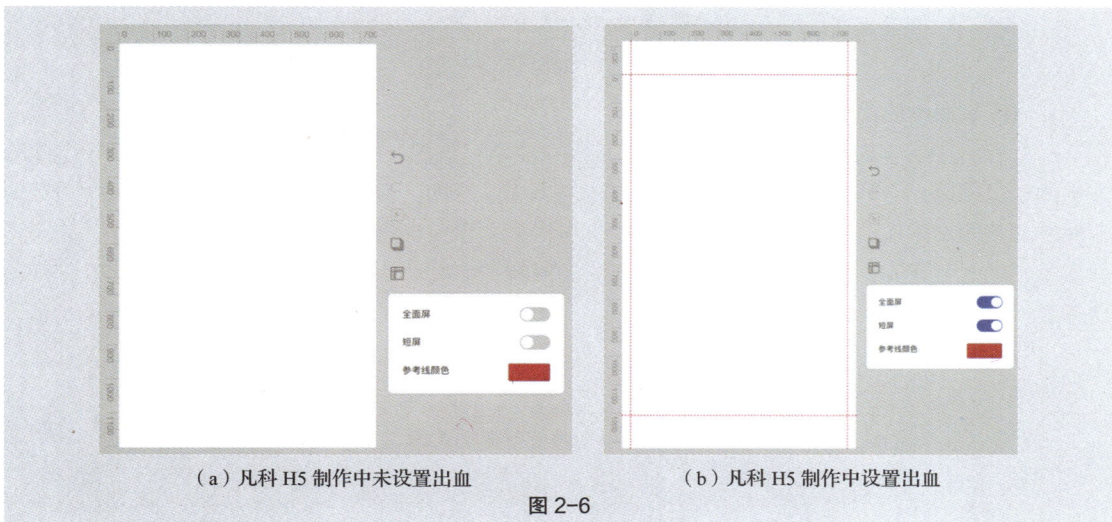

（a）凡科 H5 制作中未设置出血　　　　（b）凡科 H5 制作中设置出血

图 2-6

（2）页面安全区的设置

如果要适配大屏手机，可以将背景设计得较大，而按钮、信息等重要内容不要放到不安全区域中，否则在小屏手机中相应内容会被裁掉，如图 2-7 所示。

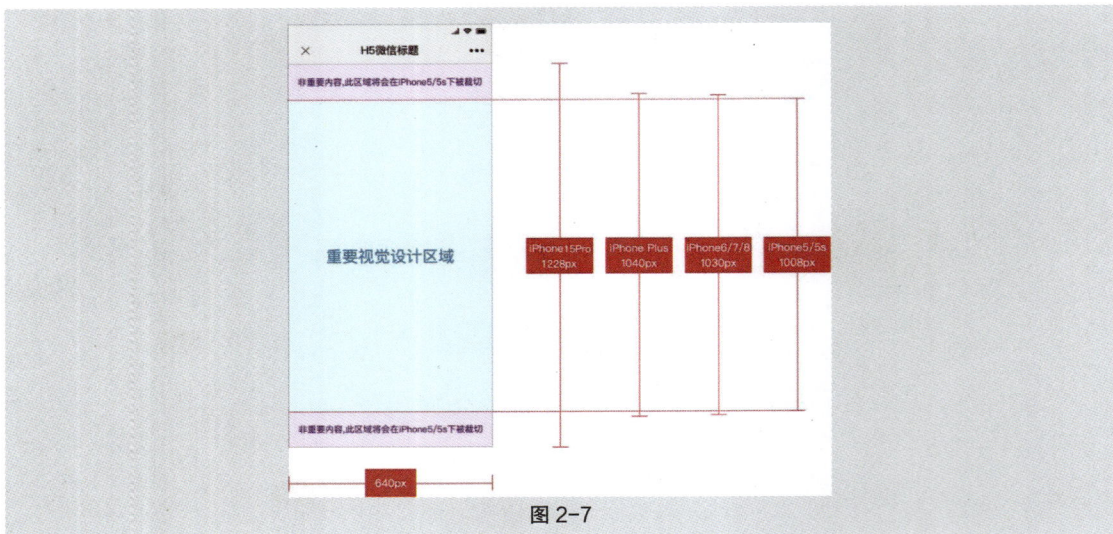

图 2-7

（3）其他设备的处理

H5 页面虽然具有跨平台的特点，但其主要分享设备还是手机，而且重力感应等交互方式难以在计算机浏览器中实现。因此，针对使用计算机浏览器观看体验不佳的 H5 页面，设计师可以设置一个扫码页，引导用户用手机扫码观看。图 2-8 所示为 H5 页面在计算机浏览器中打开时出现的扫码页。

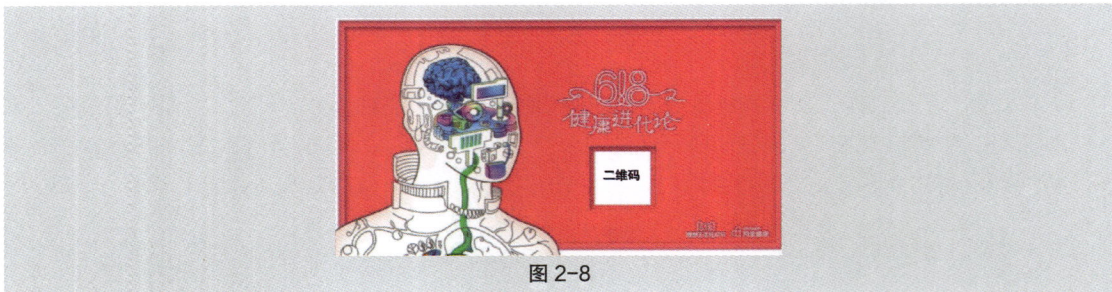

图 2-8

### 3. H5 页面中的文字使用

通常 500 个汉字约占 1KB 的存储空间，而一张文字导出图片至少占 10KB 的存储空间。因此除非字体经过设计，否则不建议将文字以图片的形式输出。例如，图 2-9 所示的文字导出图片占用的存储空间约为 25KB，在 H5 页面制作工具中直接输入文字只占约 1KB 的存储空间。另外，使用特殊字体还会占用更多的存储空间，因此尽量不要使用特殊字体，以减小 H5 页面的文件大小，提升加载速度。

图 2-9

### 4．H5 页面中的图片压缩

压缩图片同样可以减小 H5 页面文件的大小，提升加载速度。例如，在使用 Photoshop 将设计稿导出为图片时，选择"存储为 Web 所用格式（旧版）"会压缩图片，如图 2-10 所示。

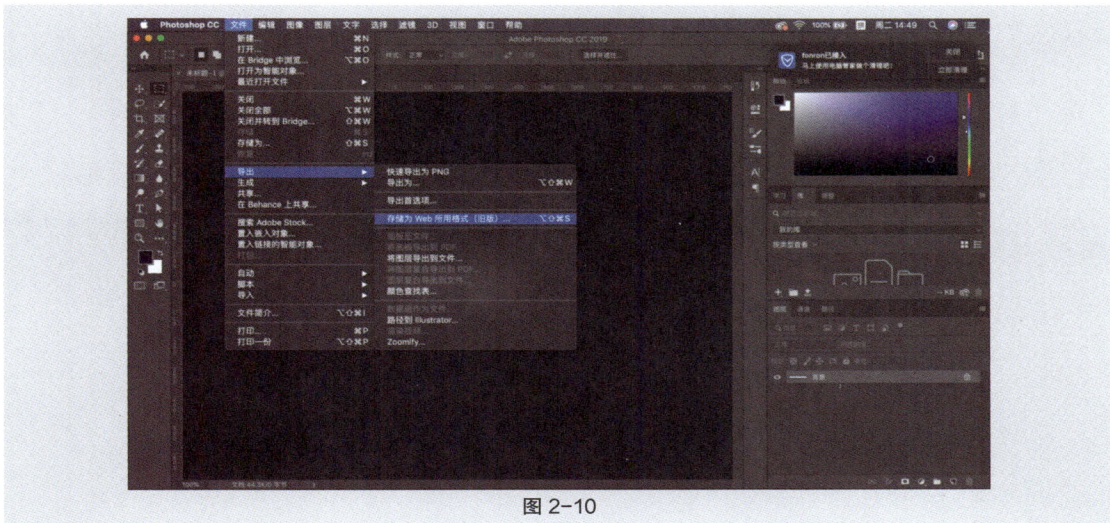

图 2-10

导出 PNG 格式的图片时，建议使用"PNG-8"格式，"颜色"建议选择"256"，如图 2-11 所示。

导出 JPEG 格式的图片时，可以将品质设置为 60 或以上，如图 2-12 所示。数值过低会出现明显的毛边、锯齿。

图 2-11

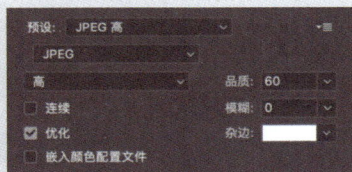

图 2-12

有时可以通过等比缩小的方法继续压缩图片，将图片尺寸缩小三分之一，再在制作时放大。图片被压缩后，视觉效果并不会受到太大影响，如图 2-13 所示。当然，也不能一味追求体积而忽视质量，导出后可以放到手机上观看，以平衡二者。

（a）原尺寸图片，占用的存储空间约为 145KB  　　　（b）尺寸缩小三分之一后的图片，占用的存储空间约为 80KB

图 2-13

# 2.4 设计与制作 H5 页面的注意事项

**1. 浏览器的选择**

由于 H5 页面的制作几乎都通过线上工具完成，因此在浏览器的选择方面一定要注意。建议使用 Chrome 浏览器，如图 2-14 所示。

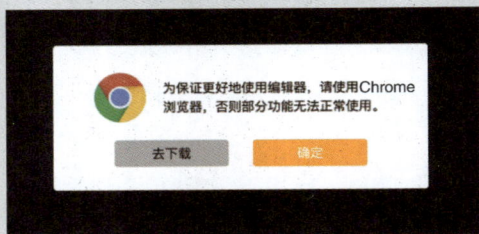

图 2-14

**2. 交互控件的使用**

H5 页面对输入框和播放器这两个交互控件的支持并不理想，因此在使用时要特别注意。

（1）输入框

弹出式输入框在 H5 页面中容易造成页面错位，因此尽量不要设置弹出式输入框，通常设置点击后直接在输入位置进行输入的输入框。图 2-15 所示为输入框设计。

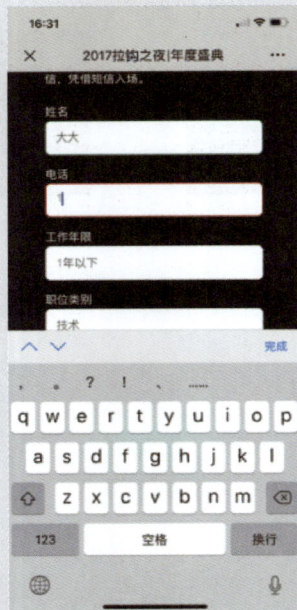

图 2-15

（2）播放器

不同的系统对播放器控件的支持也有所不同，在 iOS 中可以进行类似自动播放的自由设置，但 Android 系统不支持自动播放。因此对于背景音乐，都需要设置按钮让用户控制，如图 2-16 所示。

对于视频，可以提供两种控制方式。第一种是将视频全屏播放，设计一个"跳过"按钮，让用户选择是否跳过视频。图 2-17 所示为使用"跳过"按钮方式。

图 2-16　　　　　　　　　图 2-17

第二种是将视频非全屏播放，直接嵌套进页面中，用户可直接在页面控制，或通过点击视频进入系统自带播放器进行控制。图 2-18 所示为使用视频嵌套方式。

图 2-18

### 3．H5 页面的加载优化

加载呈现效果的优劣决定了用户是否选择观看 H5 页面，因此要根据策划的内容选择合适的加载方式。下面是常见的 3 种加载方式。

（1）全局加载

全局加载是指一次性加载好 H5 页面的所有内容（内嵌视频等形式的富媒体除外），如图 2-19所示。这种加载方式较常用，其优点是观看过程流畅，不会卡顿；缺点是加载时间略长。

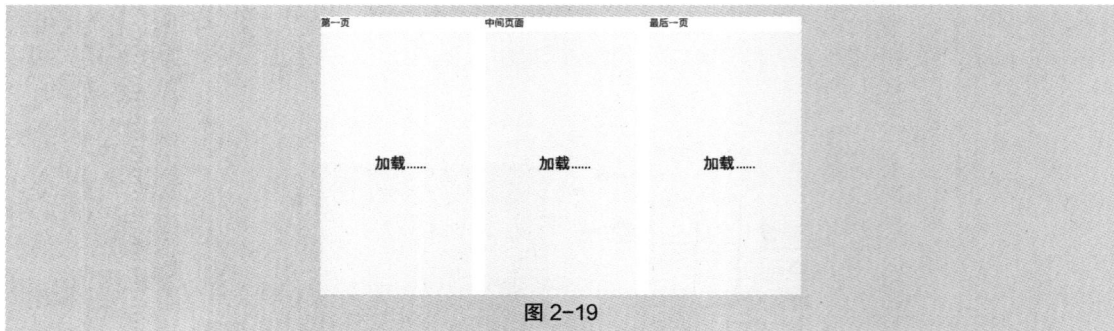

图 2-19

（2）优先加载

优先加载是指先加载主要内容，再加载次要内容，如图 2-20 所示。这种加载方式应用较少，多用于内容较多的图文混排页面，通常先加载文字，再加载图片。其优点是可以让用户先看到一部分内容，减少焦虑；缺点是页面展示不太完整。

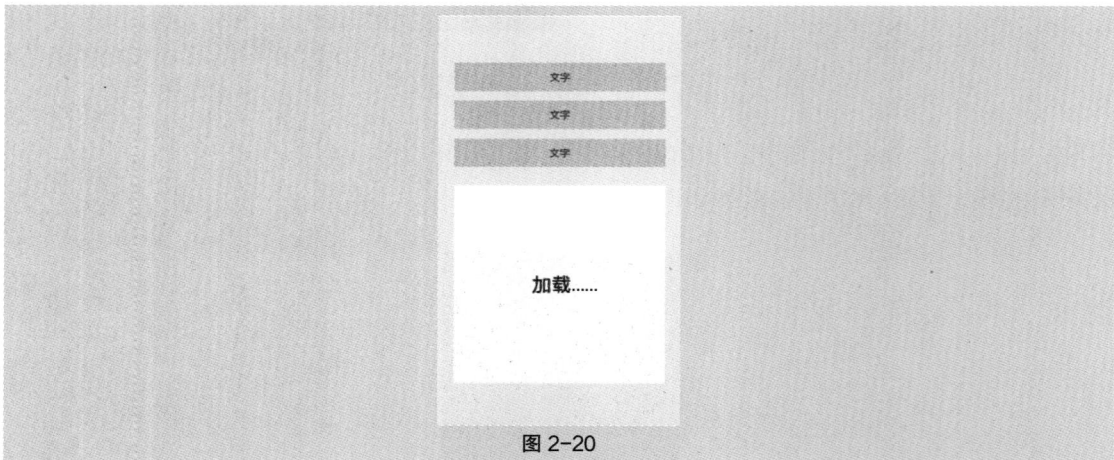

图 2-20

（3）分段加载

分段加载是指将 H5 页面分成几段，当用户看完一段后，才对下一段进行加载，如图 2-21 所示。这种加载方式适合分章节的 H5 页面。其优点是每次快速加载一段内容，可以减少用户等待时间，缺点是多次加载会中断用户观看。

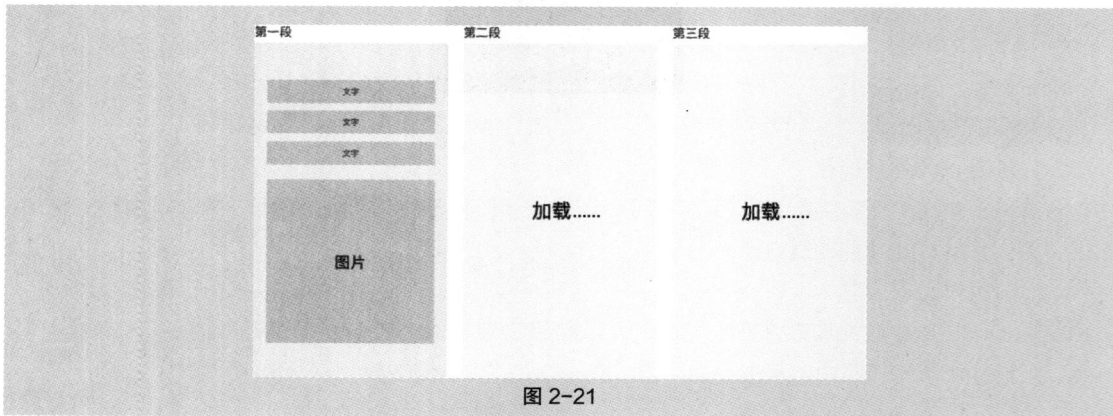

图 2-21

### 4. 微信诱导分享

微信针对 H5 页面推出了外部链接内容管理规范，具体需要注意诱导分享类内容、诱导关注类内容、H5 游戏及测试类内容 3 个部分。

（1）诱导分享类内容

微信不建议诱导分享，包含明示或暗示分享、夸张言语胁迫、红包利益诱惑等内容的 H5 页面都有可能被禁。

（2）诱导关注类内容

微信不建议强制或诱导用户关注公众号，包含关注后查看答案、关注后领取红包、关注后方可参与活动等内容的 H5 页面都有可能被禁。

（3）H5 游戏及测试类内容

微信不建议传播 H5 游戏、测试类内容，包含手速测试、好友问答、性格测试等内容的 H5 页面都有可能被禁。

如果出现被禁的情况，可以向微信团队发送邮件申诉恢复访问，如图 2-22 所示。

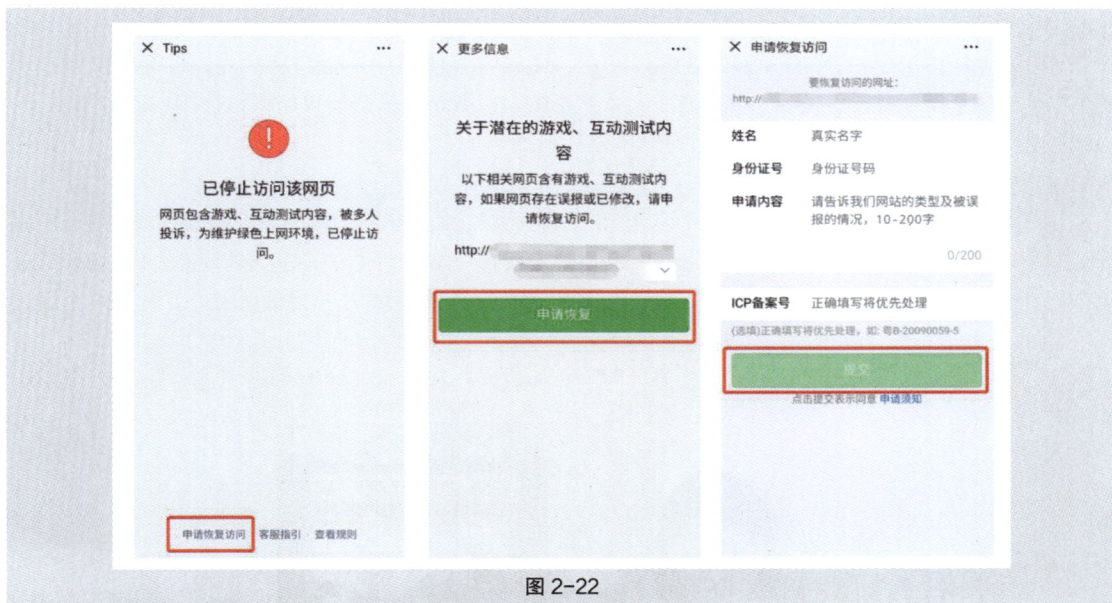

图 2-22

## 2.5 H5 页面的创意实现

H5 页面的创意实现可以从内容策划、交互设计、视觉设计、动效设计、音效设计、测试方法及数据分析 7 个方面进行。

### 2.5.1 H5 页面的内容策划

#### 1. 符合用户习惯

H5 页面主要依靠手机进行传播，因此 H5 页面的策划要符合移动端用户的习惯，具体体现在画面尺寸、阅读习惯、场景习惯 3 个方面，如图 2-23 所示。

图 2-23

## 2. 结合用户心理

用户在观看 H5 页面时，通常是利用碎片时间快速浏览的。为了获取用户更多的注意力，进行 H5 页面的内容策划时一定要考虑到用户的心理，常用的结合方式有情感共鸣、构思新奇、加入鼓励及主动参与 4 种。

（1）情感共鸣

运用一些用户熟悉的怀旧元素或新热点元素，比较容易使用户产生情感共鸣，进而增加用户观看 H5 页面的意愿，甚至提高转发率。图 2-24 所示的 H5 页面在母亲节采用模拟让用户回到小时候，再次经历和妈妈一起做的事，以激起用户的情感共鸣。

（2）构思新奇

信息如果被生硬地堆砌在 H5 页面中会让用户感到枯燥乏味，因此页面的设计需要有新奇感，可以通过撰写有趣的文案或结合知识产权（Intellectual Property，IP）等方法来创造新奇感。H5 页面可以结合的 IP 包括历史 IP、影视剧 IP、游戏 IP 及艺术文化 IP 等。图 2-25 所示为结合历史 IP 的 H5 页面。

图 2-24

图 2-25

（3）加入鼓励

加入鼓励是吸引用户参与的重要方法，这里鼓励机制的设置是关键。不同的机制往往会带来不同的效果。这方面大家可以多研究相关 H5 页面，开阔思路。图 2-26 所示的 H5 页面通过一个个解锁图案吸引用户参与。

（4）主动参与

测试型或游戏型的 H5 页面可以让用户主动参与内容的策划，使其有设计者的体验，这种方式也会在一定程度上促进页面的传播，如图 2-27 所示。

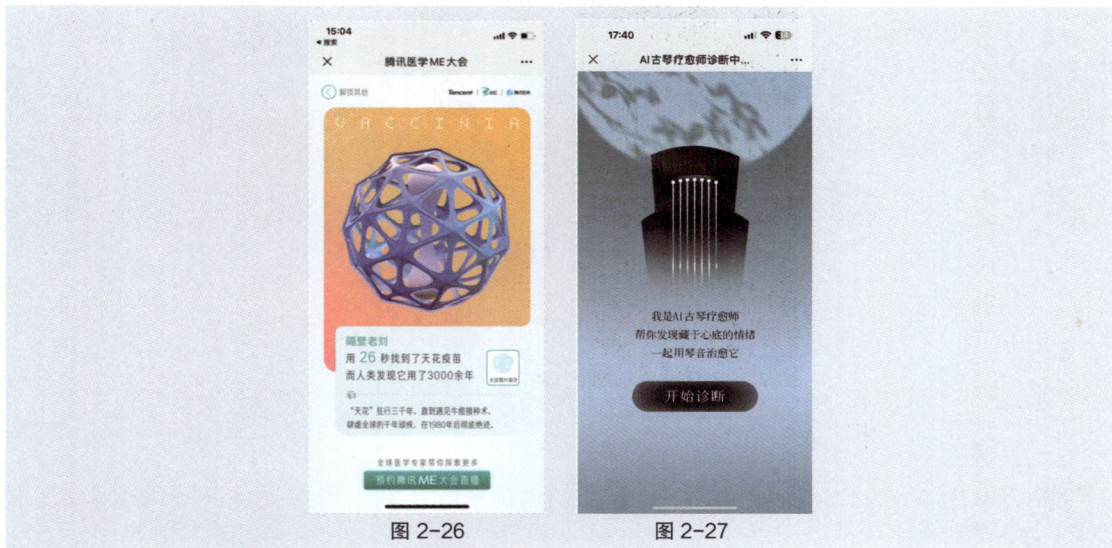

图 2-26

图 2-27

### 3. 确定对应展现形式

策划 H5 页面时，根据内容的不同，需要确定对应的展现形式。展现形式可以分为页面展示、交互引导及主动参与 3 类。

（1）页面展示

页面展示是指在 H5 页面中以展示内容为主、交互为辅的展现形式，如图 2-28 所示。其具体的表现形式有视频嵌入、翻页展示及空间展示等。该形式常用于品牌宣传、新闻播报、会议邀请等。

图 2-28

（2）交互引导

交互引导是指在 H5 页面中通过一系列交互引导帮助用户完成操作的展现形式，如图 2-29 所示。其具体表现形式有交互视频及交互场景等。该形式常用于品牌宣传、产品展示、活动推广等。

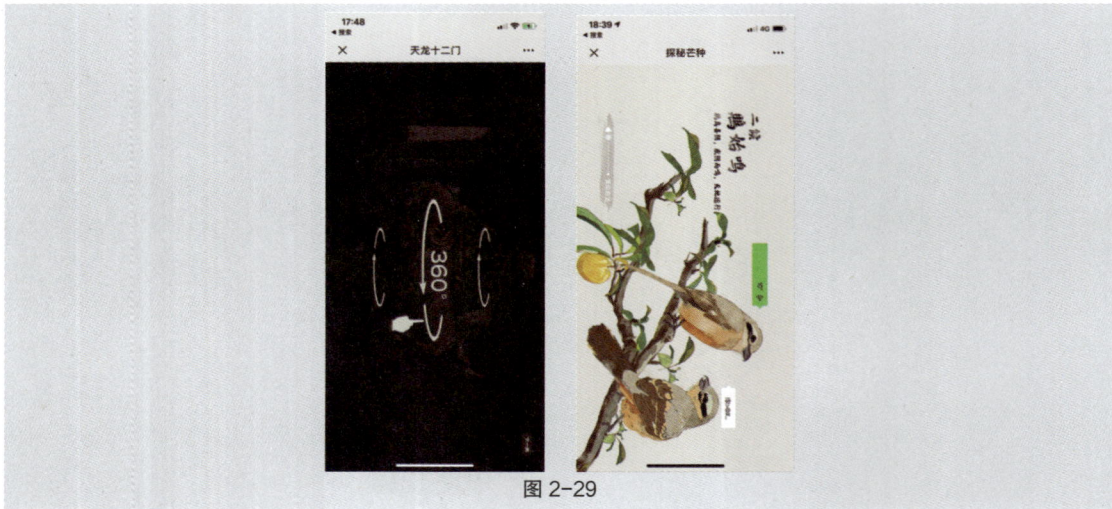

图 2-29

（3）主动参与

测试型或游戏型的 H5 可以让用户主动参与到 H5 的策划中，有主宰整个 H5 的体验，这种让用户主动参与约方法在一定程度上也会促进 H5 的分享。图 2-30 所示的 H5 即通过让用户自建画像，增加 H5 的分享性。

图 2-30

## 2.5.2　H5 页面的交互设计

H5 页面常用的交互设计方法包括结合手势、利用硬件和使用新技术 3 种。

**1. 结合手势**

H5 页面交互中用到的手势有点击、滑动、长按及拖动。

（1）点击

点击是 H5 页面中最常用的手势，多用于完成页面中的关键任务，如图 2-31 所示。

（2）滑动

滑动也是 H5 页面交互中常用的手势，多用于切换页面及查看长页，如图 2-32 所示。

图 2-31

图 2-32

（3）长按

长按相较点击、滑动，操作略为费力，因此在 H5 页面交互中并不常用，多用于播放 H5 页面中的视频或动画、切换图片等，如图 2-33 所示。

（4）拖动

拖动同样操作略为费力，因此在 H5 页面交互中并不常用，多用于交互完成复杂的 H5 页面中的关键任务，如图 2-34 所示。

图 2-33

图 2-34

**2．利用硬件**

手机中的很多硬件设备都可以被用于提升 H5 页面的使用体验，如摄像头、语音话筒、手机陀螺仪、加速度传感器等。

（1）摄像头

摄像头多用于实现合成图像类的 H5 页面交互，如图 2-35 所示。

图 2-35

（2）语音话筒

语音话筒多用于实现 H5 页面的录音功能，增添趣味，如图 2-36 所示。

（3）手机陀螺仪

手机陀螺仪（角速度传感器）可以辨别角度，利用它，通过慢慢摆动手机可以查看 H5 页面中的更多内容。该设备多用于实现模拟现实场景及制作全景等拓展屏幕类的 H5 页面交互，如图 2-37 所示。

图 2-36

图 2-37

（4）加速度传感器

加速度传感器是一种用于手机和平板电脑等移动终端检测运动方位的传感器，利用它，通过快速甩动手机可以记录加速度。该设备多用于完成 H5 页面中的一些动作，如图 2-38 所示。

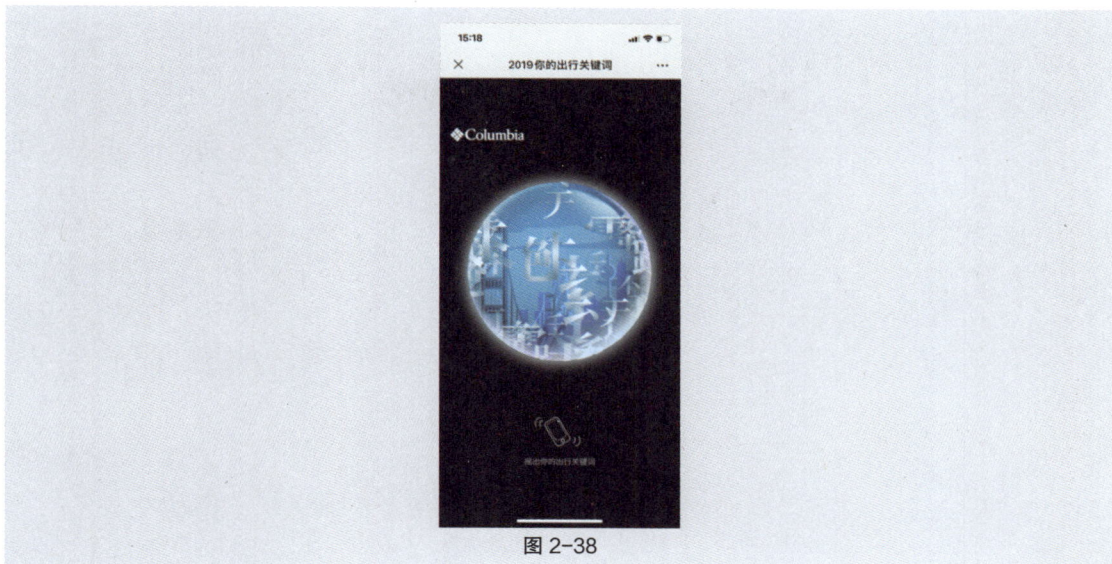

图 2-38

### 3. 使用新技术

伴随技术的发展，设计师可以在 H5 页面交互设计中使用新技术带给用户新的体验。近年来，被用于 H5 页面交互设计的新技术包括 VR 技术、AR 技术、3D 技术及双屏互动技术等。

（1）VR 技术

虚拟现实（Virtual Reality，VR）是运用计算机技术，生成多源信息融合的交互式三维动态、视景和模拟实体行为的仿真系统。在观看某些 H5 页面时需要使用 VR 设备，但由于 VR 设备携带并不方便，因此设计师还需要设计非 VR 场景的全景模式。应用于 H5 页面的 VR 技术的表现形式以视频为主，如图 2-39 所示。

（2）AR 技术

增强现实（Augment Reality，AR）是利用实时头部跟踪等技术，将计算机生成的虚拟景物或数字信息叠加到真实世界的画面中，以扩展对真实世界的认知。应用于 H5 页面的 AR 技术往往会带给用户惊喜，如图 2-40 所示。

图 2-39

图 2-40

（3）3D 技术

3D 技术在 H5 页面中的应用越来越多，多用于营造空间感，如图 2-41 所示。

图 2-41

（4）双屏互动技术

双屏互动技术多用于需要两人配合的 H5 页面，如图 2-42 所示。

图 2-42

## 2.5.3　H5 页面的视觉设计

H5 页面的常见视觉设计风格包括极简冷淡、扁平设计、拼贴叠加、传统古韵、复古拟物、现代科技、仿真写实及手绘插画等。

**1. 极简冷淡**

极简冷淡即以信息内容为优先的去风格化设计，其简约、独特的版式会为用户带来最直观的视觉体验。该风格常用于以文字信息为主的 H5 页面，如图 2-43 所示。

图 2-43

**2．扁平设计**

扁平设计即在 H5 页面中运用抽象、简洁的图形及经过软件处理的图像进行设计，如图 2-44 所示。图形、图像的展示方式能减少阅读障碍，其中图形方式常用于文字信息较多的 H5 页面，图像方式常用于表现严肃主题或推广商业活动的 H5 页面。

**3．拼贴叠加**

拼贴叠加即在 H5 页面中将契合主题的元素进行糅合、重组及叠加，如图 2-45 所示。该风格层次丰富，常用于表现休闲娱乐及民族文化的 H5 页面。

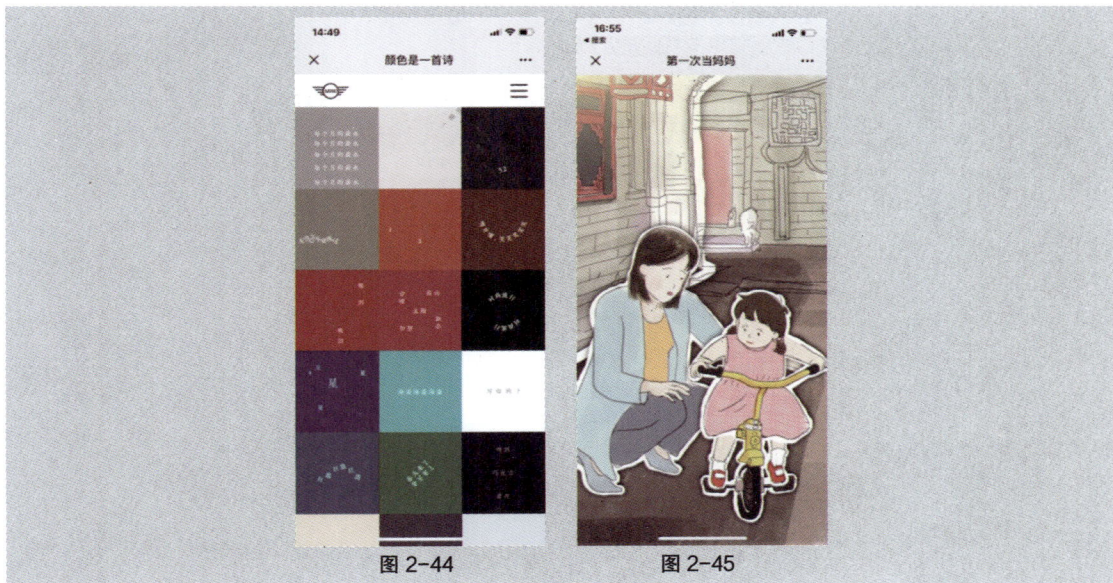

图 2-44

图 2-45

**4．传统古韵**

传统古韵即突出高雅脱俗的意境，常用于表现传统文化的 H5 页面，如图 2-46 所示。

图 2-46

**5. 复古拟物**

复古拟物即在 H5 页面中加入早古的拟物元素或将现代元素处理成早古的风格。该风格可以营造怀旧感，引起特定用户的回忆，常用于表现追溯年代的 H5 页面，如图 2-47 所示。

**6. 现代科技**

现代科技即在 H5 页面中运用具有科技感的元素进行设计。该风格可以营造科幻感，常用于新产品发布及有关人工智能的 H5 页面，如图 2-48 所示。

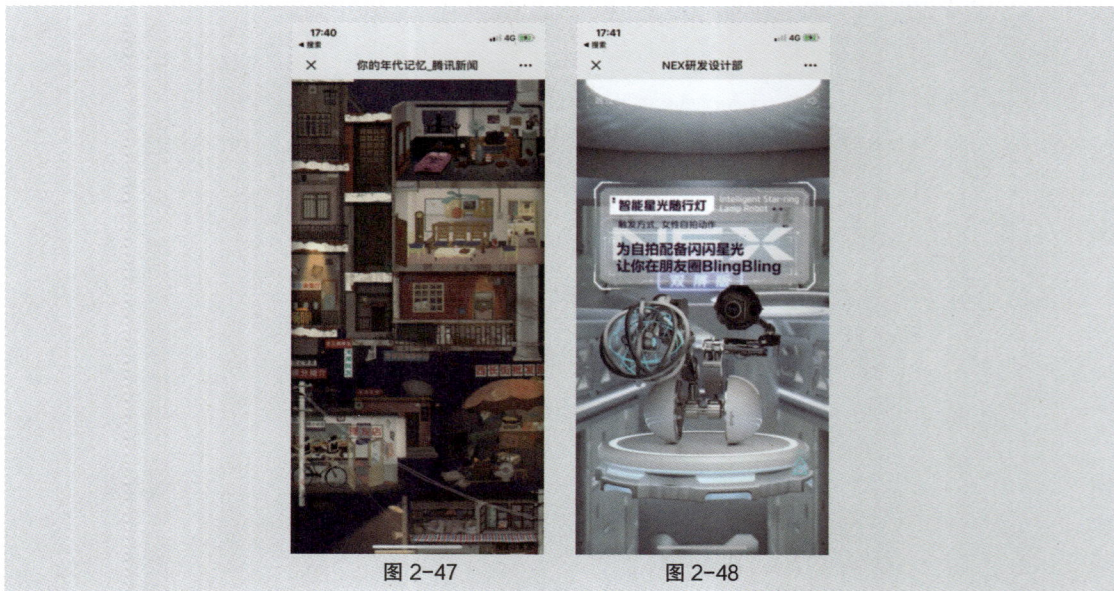

图 2-47

图 2-48

**7. 仿真写实**

仿真写实即在 H5 页面中加入真实拍摄的视频或模拟真实的场景等，如图 2-49 所示。该风格可以营造真实感，常用于公益活动及商业活动的 H5 页面。

图 2-49

### 8. 手绘插画

手绘插画即在 H5 页面中运用手绘风格的元素进行设计，如图 2-50 所示。该风格可以营造独特的视觉氛围，但由于视觉设计要求较高，因此一般仅用于大型品牌宣传类 H5 页面。

图 2-50

## 2.5.4　H5 页面的动效设计

H5 页面的动效设计包括转场动效、内容动效、功能动效及辅助动效 4 个方面。

### 1. 转场动效

转场动效即 H5 页面之间的切换动效（见图 2-51），这类动效因为要起到顺滑过渡的作用，因此速度建议设置为 0.5 ~ 1s。H5 页面的在线制作工具虽然提供了多种转场动效，但最好采用简单的直接翻页转场动效，因为它效果变化小，不会分散用户的注意力。

针对包含特殊内容的 H5 页面，也可以采用一些特殊的转场动效。图 2-52 所示的 H5 页面采用了词典的设计形式，因此使用了翻书转场动效。

图 2-51                    图 2-52

### 2．内容动效

内容动效即 H5 页面内具体内容的动效，通常可以分为非交互类动效和交互类动效。

（1）非交互类动效

针对非交互类动效，通常采用插入一段动画视频的方式，或在转场之后直接对页面元素进行动效制作，如图 2-53 所示。

图 2-53

前者需要设计师具备动画设计（即特效制作）的能力，后者在设计时需要注意动效的统一性及层级性。在统一性方面，同一页内不要使用多种花哨动效，否则会导致页面混乱。使用 H5 页面在线制作工具时，简单的位移和渐变都是易用的动效，如图 2-54 所示。在层级性方面，一般重要的信息先出现，一页内的动效展示时间需控制在 2～5s。

（2）交互类动效

针对交互类 H5 页面，则需要画面的动效与用户的操作紧密结合，交互的方式及产生的动效都要契合 H5 页面的主题，如图 2-55 所示。

图 2-54

图 2-55

### 3. 功能动效

功能动效即 H5 页面内用于提示用户完成具体操作的持续性动效（见图 2-56），该类动效通常面积小、强度低，但实用性较强。

### 4. 辅助动效

辅助动效即 H5 页面内表现细节和趣味的动效，如图 2-57 所示。该类动效虽然持续时间不长，但却能增强画面的表现力，常见的有加载动效及声音按钮动效。

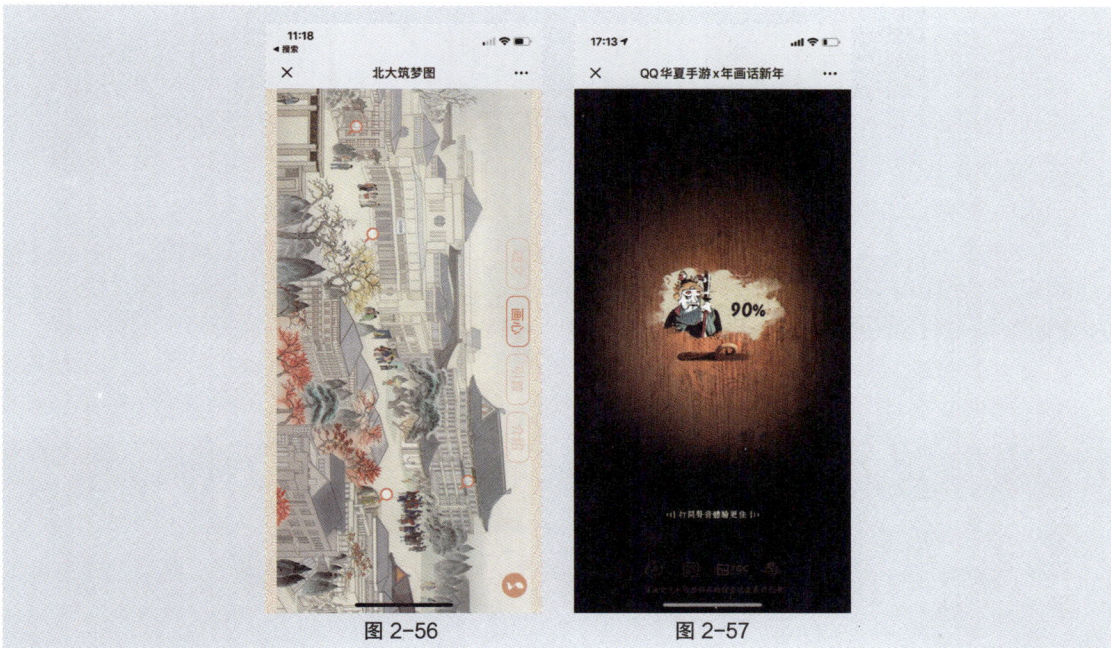

图 2-56

图 2-57

### 2.5.5 H5 页面的音效设计

H5 页面的音效可以分为背景音效和辅助音效。

**1. 背景音效**

H5 页面的常见背景音效设计方法有 3 类，分别是音乐烘托、人声烘托及环境烘托。

（1）音乐烘托

音乐烘托即在 H5 页面中插入契合表达内容及视觉调性的伴奏或歌曲作为背景音效，是 H5 页面中最常用的背景音效设计方法之一。在图 2-58 所示的 H5 页面中即运用了音乐烘托。

（2）人声烘托

人声烘托即在 H5 页面中插入伴奏基础之上的声音、对白作为背景音效，穿透力较强。在图 2-59 所示的 H5 页面中，通过人声烘托带给用户强烈的代入感。

（3）环境烘托

环境烘托即在 H5 页面中插入伴奏基础之上的环境音作为背景音效。在图 2-60 所示的 H5 页面中，通过环境烘托带给用户身临其境之感。

图 2-58          图 2-59          图 2-60

**2. 辅助音效**

H5 页面常见的辅助音效有 3 类，分别是功能音效、拟真音效及环境音效。

（1）功能音效

功能音效是用于反馈操作的音效，如常见的点击、滑动音效等。该类音效会帮助用户确定自己的操作。在图 2-61 所示的 H5 页面中，点击"登船探索"按钮会发出功能音效。

（2）拟真音效

拟真音效是对 H5 页面的内容、元素进行真实模拟的音效，如门铃声、拆信声以及钟声等。该类音效会带给用户强烈的真实感。在图 2-62 所示的 H5 页面中，通过模拟玉龙雪山、罗平花海及云南古镇等环境中元素的音效，增强了用户的真实感。

（3）环境音效

环境音效是用于呈现 H5 页面中特定环境（如室内、森林以及河流等）的音效，能快速塑造真实现场的感受。在图 2-63 所示的 H5 页面中，通过大自然的环境音效塑造了动物的生活情景。

图 2-61　　　　　　　图 2-62　　　　　　　图 2-63

## 2.5.6　H5 页面的测试方法

在 H5 页面正式上线之前，应进行几次测试以获取反馈。常用的测试方法有微信小范围测试及微信公众号测试。

### 1. 微信小范围测试

微信小范围测试是指设计师将 H5 页面发送给好友、转发到朋友圈或发至微信群进行测试。通常，非专业用户给予的反馈可能比较模糊，这时就需要设计师进行问题引导，常见的问题如图 2-64 所示。

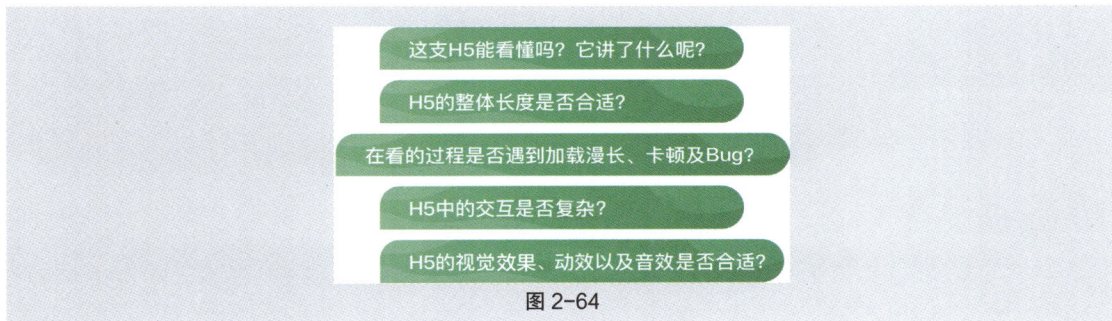

> 这支H5能看懂吗？它讲了什么呢？
>
> H5的整体长度是否合适？
>
> 在看的过程是否遇到加载漫长、卡顿及Bug？
>
> H5中的交互是否复杂？
>
> H5的视觉效果、动效以及音效是否合适？

图 2-64

### 2. 微信公众号测试

微信公众号测试是指设计师将 H5 页面以链接或二维码的形式编辑到公众号推文中进行测试，同时可以在公众号推文中将常见的引导问题以选择题的形式列出，提升用户的参与度。

## 2.5.7　H5 页面的数据分析

用于分析 H5 页面的常用数据如下。

● 页面浏览量或点击量（Page View，PV）：用户每一次对 H5 某一个页面进行访问均被记录 1 次。用户多次对同一页面进行访问，点击量累计。

● 独立访客数（Unique Visitor，UV）：独立访客数指访问 H5 页面的人数。在同一天内，相同的客户端只记一次。

● 互联网协议（Internet Protocol，IP）地址数：指一天内访问 H5 页面的不同 IP 地址用户的数量。在同一天内，相同的 IP 地址只记 1 次。

● 跳出率：跳出率指仅浏览了 H5 某一个页面就离开的点击量与总点击量的百分比。它是衡量 H5 页面内容质量的重要标准。

● 留存时间：留存时间指用户浏览 H5 页面的停留时间，可以分为总留存时间和单页面停留时间。和跳出率一样，它也是衡量 H5 页面内容质量的重要标准。

● 用户转化率：用户转化率指用户通过 H5 页面进行目标行动的数量与总点击量的百分比。对于需要进行外部链接跳转的 H5 页面，用户转化率是非常重要的数据。

# 03

# 第 3 章

# 互动游戏 H5 页面的制作

▶ **本章介绍**

　　互动游戏 H5 具备简单有趣及交互性强的特点，能够给用户带来一定的感官刺激，并且能够间接地对企业的品牌进行宣传。本章从实战角度对互动游戏 H5 页面的项目策划、交互设计、视觉设计及制作发布进行系统讲解。通过本章的学习，读者可以了解互动游戏 H5 页面的设计思路，并掌握制作和发布互动游戏 H5 页面的方法。

**学习目标**

微课

第 3 章简介

● 了解花样元宵消消消 H5 页面的项目策划思路。
● 熟悉花样元宵消消消 H5 页面的交互设计思路。

**技能目标**

● 掌握花样元宵消消消 H5 页面的制作和发布方法。

**素养目标**

● 加深学生对中华优秀传统文化的热爱。
● 培养学生的商业设计思维。

【案例学习目标】了解花样元宵消消消 H5 页面的项目策划及交互设计思路，学习使用易企秀中的互动 H5 页面模板。

【案例知识要点】使用浏览器注册、登录易企秀官网，使用互动 H5 页面模板制作花样元宵消消消 H5，并修改活动名称、分享描述及二维码，效果如图 3-1 所示。

【效果所在位置】云盘 /Ch03/ 效果 / 花样元宵消消消 H5 页面的制作。

图 3-1

### 3.1.1　项目策划

飞羽是一家游戏工作室，此次想借助 H5 页面在网络上获取一定的关注度。设计师计划结合工作室的游戏性质，运用 H5 页面制作工具中的模板设计一款消除类益智 H5 小游戏，旨在通过游戏，引导用户了解并关注工作室。

### 3.1.2　交互设计

通过前期基本的项目策划，设计师对 H5 页面的原型进行了梳理，并运用 Axure 进行了绘制，如图 3-2 所示。

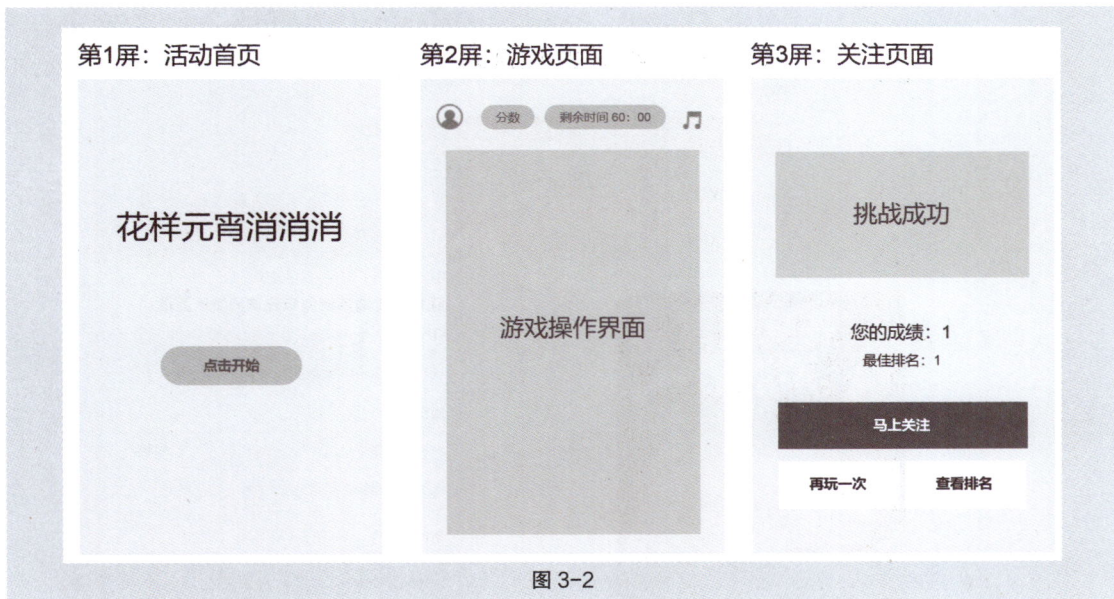

| 第1屏：活动首页 | 第2屏：游戏页面 | 第3屏：关注页面 |

**花样元宵消消消**

点击开始

分数　剩余时间60:00

游戏操作界面

挑战成功

您的成绩：1
最佳排名：1

马上关注

再玩一次　查看排名

图 3-2

## 3.1.3　视觉设计

本项目由于采用了制作工具中的模板，因此可以直接制作 H5 页面，无须进行专门的视觉设计。

## 3.1.4　制作发布

（1）使用浏览器打开易企秀官网，单击右侧的"注册"按钮注册并登录。单击进入"免费模板"页面，在左侧列表中选择"互动"选项，如图 3-3 所示。在搜索栏中输入"消消乐"进行检索或单击搜索栏下方的"消消乐"选项，如图 3-4 所示。在模板中选择"花样元宵消消消"，如图 3-5所示。

图 3-3

图 3-4

图 3-5

（2）单击下方的"免费制作"按钮，进入编辑页面，如图 3-6 所示。

图 3-6

（3）在"活动名称"文本框中输入"飞羽小游戏活动"，如图 3-7 所示。

图 3-7

（4）单击切换到"分享内容设置"页面，在"分享描述"文本框中输入内容，如图 3-8 所示。单击"更换二维码"按钮，如图 3-9 所示，弹出"图片库"对话框，如图 3-10 所示。

图 3-8

图 3-9

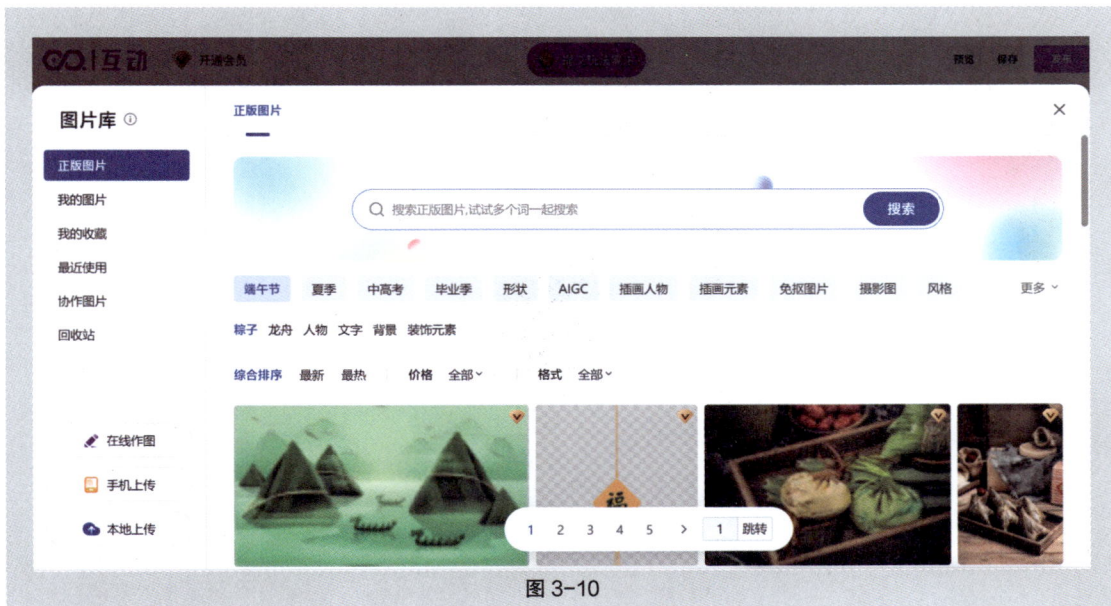

图 3-10

（5）单击左下方的"本地上传"按钮，弹出"打开"对话框，选择云盘中的"Ch03 > 花样元宵消消消 H5 页面制作 > 制作发布 > 01"文件，单击"打开"按钮，上传二维码，如图 3-11 所示。

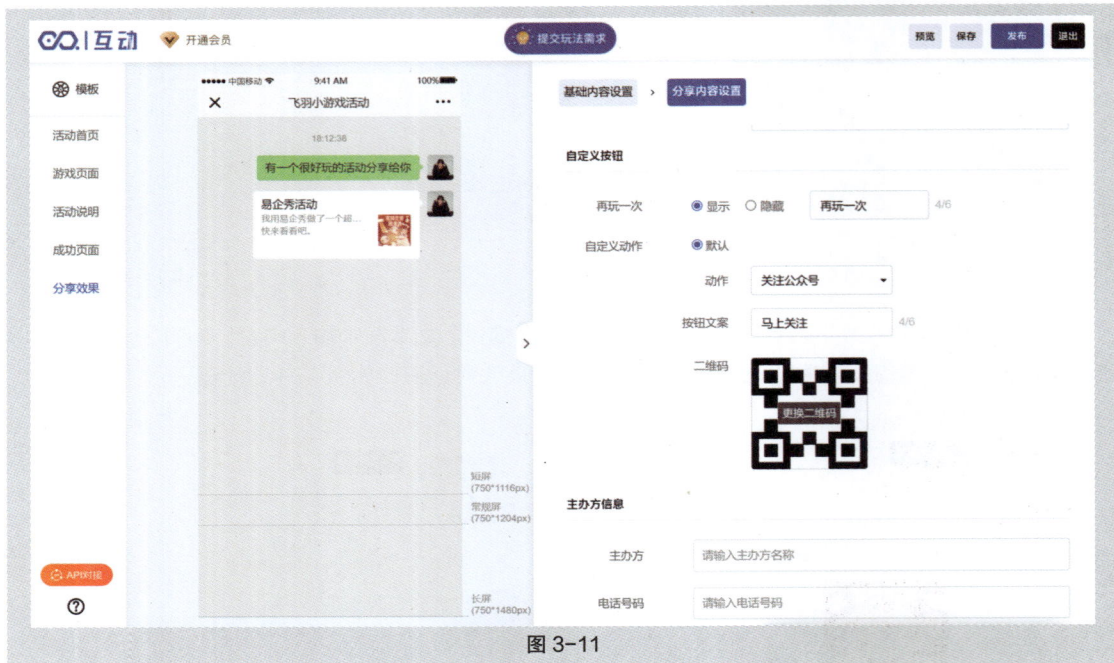

图 3-11

（6）单击右上角的"发布"按钮，即可成功发布作品。作品成功发布后，弹出"预览"对话框，并生成二维码和小程序链接，如图 3-12 所示。花样元宵消消消 H5 页面制作发布完成。

图 3-12

## 3.2 课堂练习——中秋狂欢翻牌子 H5 页面的制作

【**练习知识要点**】登录易企秀官网，查找符合要求的互动 H5 页面模板，调整相关的文字内容，效果如图 3-13 所示。

【**效果所在位置**】云盘 /Ch03/ 效果 / 中秋狂欢翻牌子 H5 页面的制作。

图 3-13

## 3.3 课后习题——喜迎新春打地鼠 H5 页面的制作

【**习题知识要点**】登录易企秀官网，查找符合要求的互动 H5 页面模板，调整相关的文字内容，效果如图 3-14 所示。

【**效果所在位置**】云盘 /Ch03/ 效果 / 喜迎新春打地鼠 H5 页面的制作。

图 3-14

# 第 4 章

## 04

# 活动抽奖 H5 页面的制作

▶ **本章介绍**

　　活动抽奖 H5 页面通常可以在短时间内快速传播，吸引较多的流量，因此常用于引流推广活动。本章从实战角度对活动抽奖 H5 页面的项目策划、交互设计、视觉设计及制作发布进行系统讲解。通过本章的学习，读者可以了解活动抽奖 H5 页面的设计思路，并掌握制作和发布活动抽奖 H5 页面的方法。

**学习目标**

- 了解电商抽奖九宫格 H5 页面的项目策划思路。
- 熟悉电商抽奖九宫格 H5 页面的交互设计思路。

**技能目标**

- 掌握电商抽奖九宫格 H5 页面的视觉设计方法。
- 掌握电商抽奖九宫格 H5 页面的制作和发布方法。

**素养目标**

- 加深学生对中华优秀传统文化的热爱。
- 提高学生的计算机操作水平。

微课

第 4 章简介

【案例学习目标】了解电商抽奖九宫格 H5 页面的项目策划及交互设计思路，学习使用凡科互动模板，掌握使用 Photoshop 调整和修改模板中素材的方法。

【案例知识要点】使用浏览器注册、登录凡科官网，使用凡科互动模板制作电商抽奖九宫格 H5，修改并替换首页中的素材、替换中奖页面素材、调整奖项设置以及高级设置，效果如图 4-1 所示。

【效果所在位置】云盘 /Ch04/ 效果 / 电商抽奖九宫格 H5 页面的制作。

图 4-1

## 4.1.1 项目策划

Shopping 是一款专业的综合类购物平台，此次想在"618"电商大促来临之际，推出一个活动抽奖 H5 页面促进用户进行商品购买。在项目策划方面，为了能让用户感受到抽奖的真实与刺激，设计师计划结合 H5 页面制作工具的九宫格抽奖模板，分别设置一、二、三等奖和安慰奖，并设置每位用户每天有 3 次抽奖机会，进一步吸引用户进行抽奖。

## 4.1.2 交互设计

通过前期基本的项目策划，设计师对 H5 页面的原型进行了梳理，并运用 Axure 进行了绘制，如图 4-2 所示。

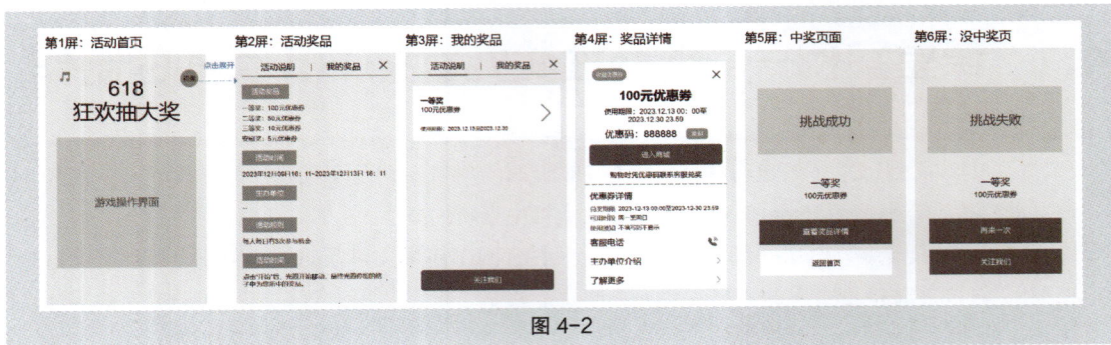

第1屏：活动首页　第2屏：活动奖品　第3屏：我的奖品　第4屏：奖品详情　第5屏：中奖页面　第6屏：没中奖页

图 4-2

## 4.1.3　视觉设计

（1）使用谷歌浏览器打开凡科官网，单击"免费注册"按钮，如图 4-3 所示。在弹出的面板中选择"凡科互动"，如图 4-4 所示。注册并登录网站。

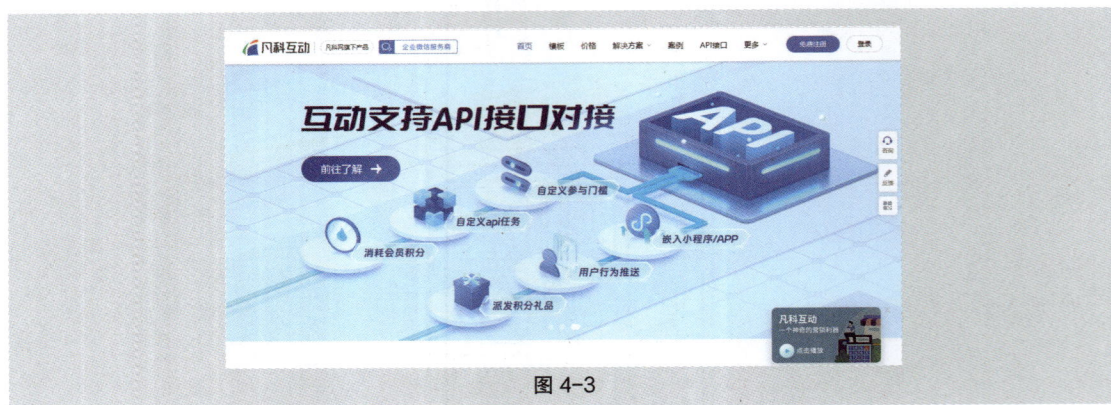

图 4-3

图 4-4

（2）在"活动市场"页面单击"双十一"选项，如图 4-5 所示。在模板中选择"双十一狂欢抽大奖"，如图 4-6 所示。单击下方的"立即创建"按钮，进入编辑页面，如图 4-7 所示。

图 4-5

图 4-6

图 4-7

（3）在"首页"页面中选中"双十一狂欢抽大奖"图片，如图 4-8 所示。单击鼠标右键，在弹出的菜单中选择"图片另存为"命令，弹出"另存为"对话框，将"文件名"设为"01"，单击"保存"按钮，将图片保存。

（4）打开 Photoshop。按"Ctrl + O"组合键，打开云盘中的"Ch04 > 电商抽奖九宫格 H5页面的制作 > 视觉设计 > 素材 > 01"文件，如图 4-9 所示。

图 4-8

图 4-9

（5）选择"多边形套索工具" ，绘制选区，如图 4-10 所示。选择"吸管工具" ，将鼠标指针放置在底图部分吸取颜色，如图 4-11 所示。按"Alt+Delete"组合键，用前景色填充选区，按"Ctrl+D"组合键取消选区，效果如图 4-12 所示。

图 4-10

图 4-11

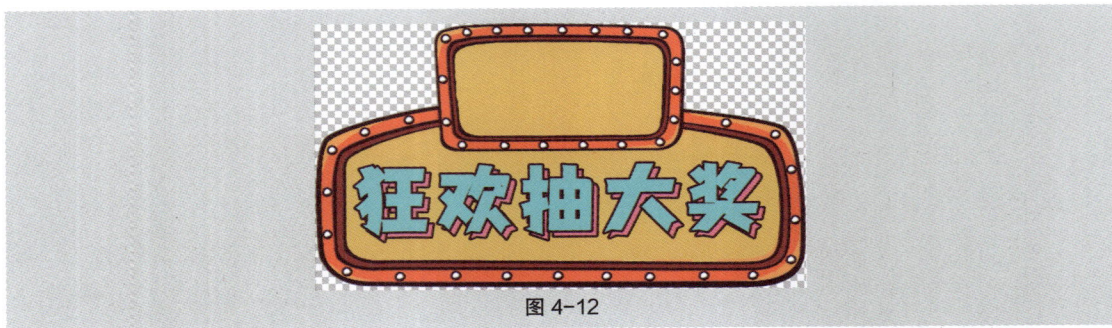
图 4-12

（6）将前景色设为蓝色（24,226,228）。选择"横排文字工具" T，在适当的位置输入需要的文字并选择文字，在"字符"控制面板中选择合适的字体并设置文字大小，具体设置如图 4-13 所示，效果如图 4-14 所示。在"618"文字图层上单击鼠标右键，在弹出的菜单中选择"转换为形状"命令，将文字图层转换为形状图层，如图 4-15 所示。

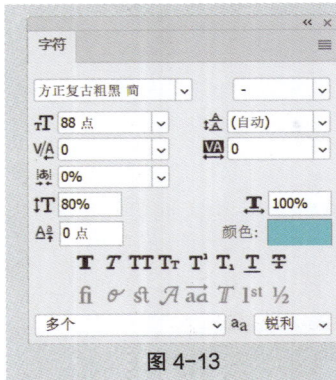
图 4-13

图 4-14

图 4-15

（7）选择"添加锚点工具" ，在适当的位置单击来添加锚点，如图 4-16 所示。选择"转换点工具" ，在添加的锚点上单击进行转换。选择"直接选择工具" ，选取添加的锚点，按"↑"键，调整锚点位置，效果如图 4-17 所示。用相同的方法添加其他锚点并进行相应设置，效果如图 4-18 所示。

（8）选择"路径选择工具"，在属性栏中设置"描边"颜色为棕红色（77,16,19），"描边"粗细为"2 像素"，效果如图 4-19 所示。

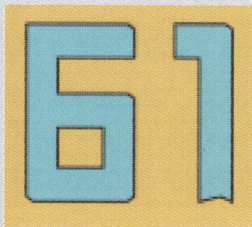
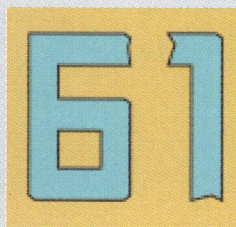

图 4-16          图 4-17          图 4-18

图 4-19

（9）将"618"图层拖曳到"图层"控制面板下方的"创建新图层"按钮 □ 上进行复制，生成"618 拷贝"图层。在"图层"控制面板中选择"618"图层，连续按"↓"键和"→"键，调整图形位置，效果如图 4-20 所示。将前景色设为粉色（252,123,179）。按"Alt+Delete"组合键，用前景色填充形状，效果如图 4-21 所示。

图 4-20          图 4-21

（10）选择"文件 > 导出 > 存储为 Web 所用格式"命令，弹出"存储为 Web 所用格式"对话框，选择 PNG-8 格式，如图 4-22 所示。单击"存储"按钮，弹出"将优化结果存储为"对话框，单击"保存"按钮，将图片保存。

图 4-22

## 4.1.4　制作发布

（1）返回凡科官网，在"首页"页面中选中"双十一狂欢抽大奖"图片，如图 4-23 所示。单击"更换图片"按钮，弹出"编辑图片"对话框，如图 4-24 所示。单击"上传替换"按钮，弹出"打开"对话框，选择云盘中的"Ch04 ＞ 电商抽奖九宫格 H5 页面的制作 ＞ 制作发布 ＞ 01"文件，单击"打开"按钮，上传图片完成后的效果如图 4-25 所示，图片替换完毕。

图 4-23

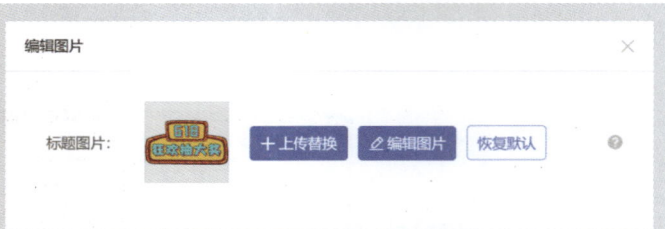
图 4-24

图 4-25

（2）单击切换到"中奖页面"，如图 4-26 所示。单击"礼物"图层，如图 4-27 所示。单击"更换图片"按钮，弹出"编辑图片"对话框，如图 4-28 所示。单击"上传替换"按钮，弹出"打开"对话框，选择云盘中的"Ch04 ＞ 电商抽奖九宫格 H5 页面的制作 ＞ 制作发布 ＞ 02"文件，单击"打开"按钮，上传图片，完成后的效果如图 4-29 所示。用相同的方法替换其他图片。

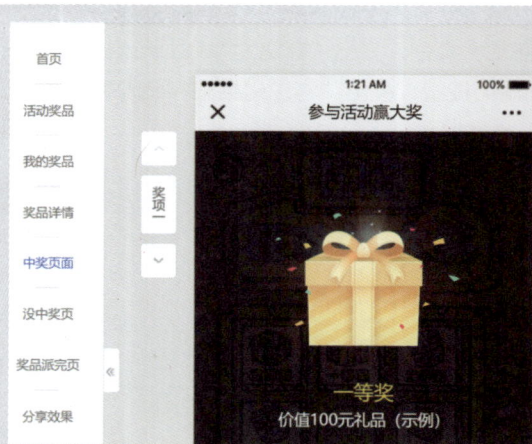
图 4-26

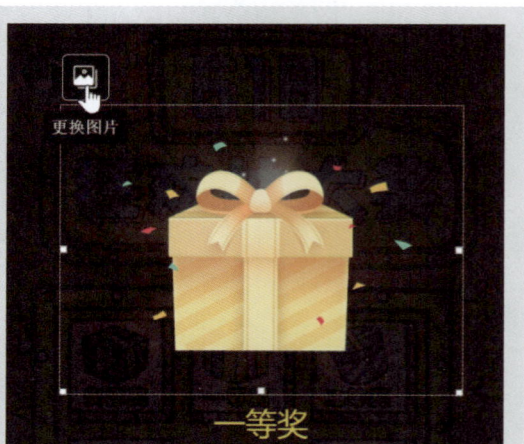
图 4-27

图 4-28

图 4-29

（3）单击切换到"奖项设置"页面，如图 4-30 所示。在"奖项一"的"奖项类型"中选择"自选奖品"选项，在下拉列表中选择"电商优惠券"，如图 4-31 所示。设置"奖项数量"为"10"，如图 4-32 所示。用相同的方法设置其他奖项，并分别设置"奖项二"的"奖项数量"为"20"、"奖项三"的"奖项数量"为"30"、"安慰奖"的"数量限制"为"不限制"。

图 4-30

图 4-31

图 4-32

（4）单击切换到"高级设置"页面，如图 4-33 所示，单击"上传二维码"按钮，弹出"打开"对话框，选择云盘中的"Ch04 > 电商抽奖九宫格 H5 页面的制作 > 制作发布 > 03"文件，单击"打开"按钮，上传二维码，完成后的效果如图 4-34 所示。

图 4-33

图 4-34

（5）单击右上角的"预览与发布"按钮，弹出"预览"对话框，生成二维码和小程序链接，单击"马上发布"按钮，即可成功发布作品，如图 4-35 所示。

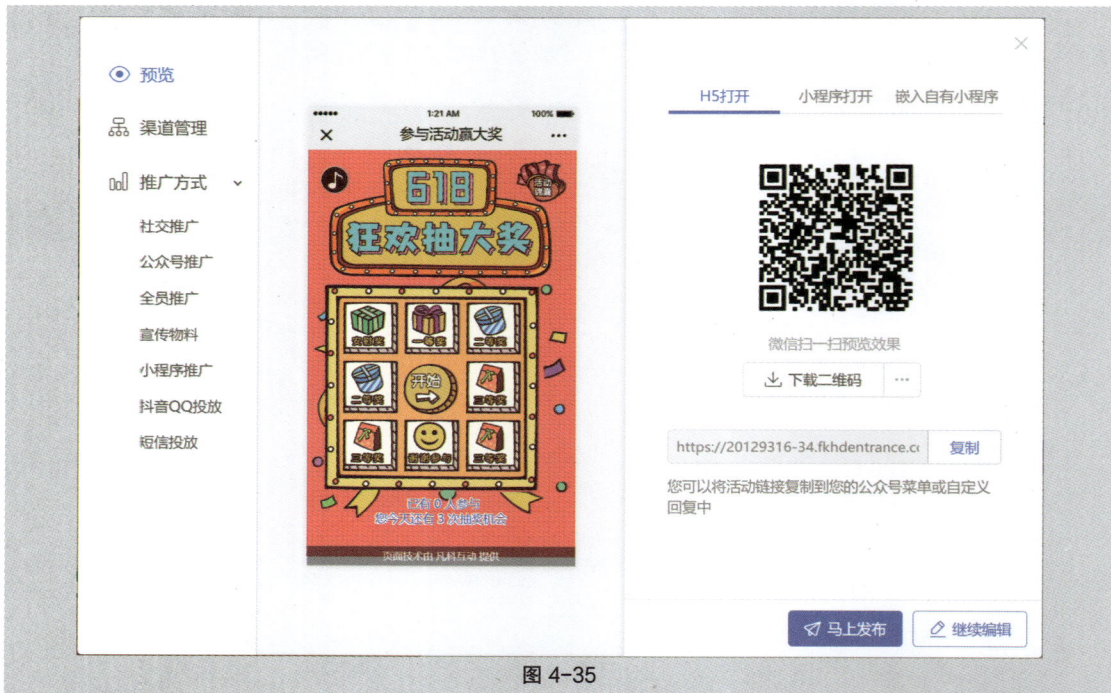

图 4-35

## 4.2 课堂练习——新年旺财摇一摇 H5 页面的制作

【练习知识要点】使用谷歌浏览器登录凡科官网，使用凡科互动模板制作新年旺财摇一摇 H5 页面，修改并替换首页中的素材、替换中奖页面 / 未中奖页面素材、调整奖项设置以及高级设置，效果如图 4-36 所示。

【效果所在位置】云盘 /Ch04/ 效果 / 新年旺财摇一摇 H5 页面的制作。

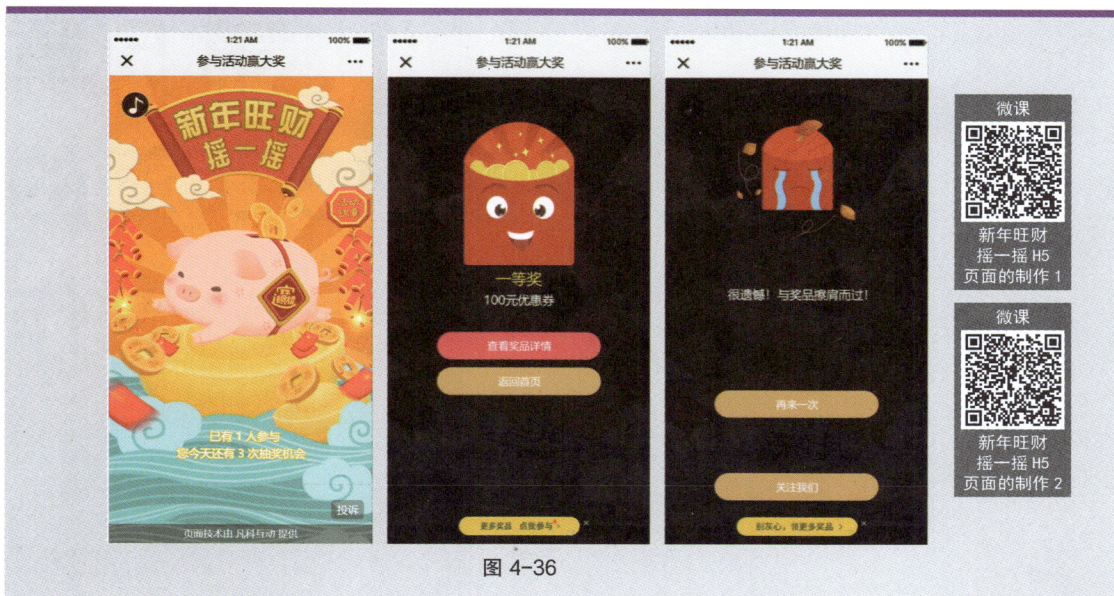

图 4-36

# 4.3 课后习题——情满端午刮刮乐 H5 页面的制作

【习题知识要点】使用谷歌浏览器登录凡科官网，使用凡科互动模板制作情满端午刮刮乐 H5 页面，修改并替换首页中的素材、中奖页面 / 未中奖页面素材、调整奖项设置以及高级设置，效果如图 4-37 所示。

【效果所在位置】云盘 /Ch04/ 效果 / 情满端午刮刮乐 H5 页面的制作。

图 4-37

# 第 5 章

# 05

# 测试问答 H5 页面的制作

▶ **本章介绍**

测试问答 H5 页面由于能够激起用户的挑战欲望并增长知识，因此它一直都是众多 H5 页面中较受欢迎的一类。本章从实战角度对测试问答 H5 页面的项目策划、交互设计、视觉设计及制作发布进行系统讲解。通过本章的学习，读者可以了解测试问答 H5 页面的设计思路，并掌握制作和发布测试问答 H5 页面的方法。

## 学习目标

- 了解腊八知识测试问答 H5 页面的项目策划思路。
- 熟悉腊八知识测试问答 H5 页面的交互设计思路。

## 技能目标

- 掌握腊八知识测试问答 H5 页面的视觉设计方法。
- 掌握腊八知识测试问答 H5 页面的制作和发布方法。

## 素养目标

- 加深学生对中华优秀传统文化的热爱。
- 提高学生的环境保护意识。

# 5.1 课堂案例——腊八知识测试问答 H5 页面的制作

【案例学习目标】了解腊八知识测试问答 H5 页面的项目策划及交互设计思路，学习使用凡科互动模板，掌握使用 Photoshop 调整和修改模板中素材的方法。

【案例知识要点】使用谷歌浏览器登录凡科官网，使用凡科互动模板制作腊八知识测试问答 H5，修改并替换首页中的素材以及调整高级设置，效果如图 5-1 所示。

【效果所在位置】云盘 /Ch05/ 效果 / 腊八知识测试问答 H5 页面的制作。

图 5-1

## 5.1.1　项目策划

知学在腊八节来临之际，希望推出一款送出节日祝福及宣传自身品牌的 H5 页面。在项目策划方面，设计师计划结合 H5 页面制作工具的节日文化答题模板，既可以送出节日祝福又可以很好地宣传品牌。

## 5.1.2　交互设计

通过前期基本的项目策划，设计师对 H5 页面的原型进行了梳理，并运用 Axure 进行了绘制，如图 5-2 所示。

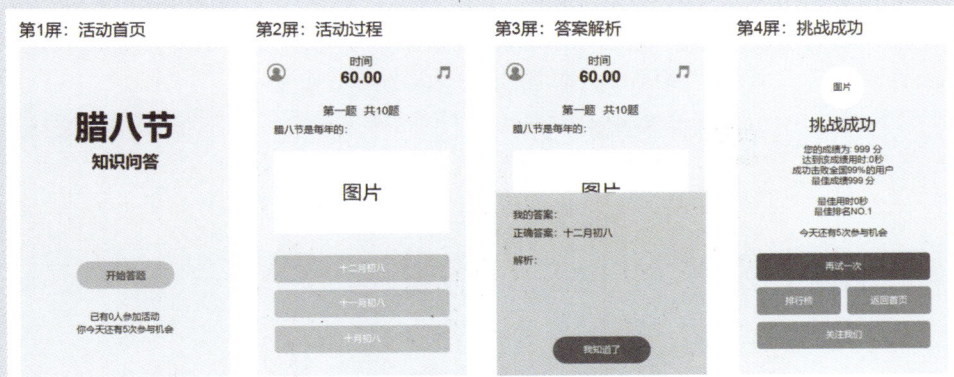

图 5-2

### 5.1.3　视觉设计

（1）使用谷歌浏览器登录凡科官网。在"活动市场"中将鼠标指针置于"节日"上，如图 5-3 所示。在"节日"列表中单击"腊八节"选项。

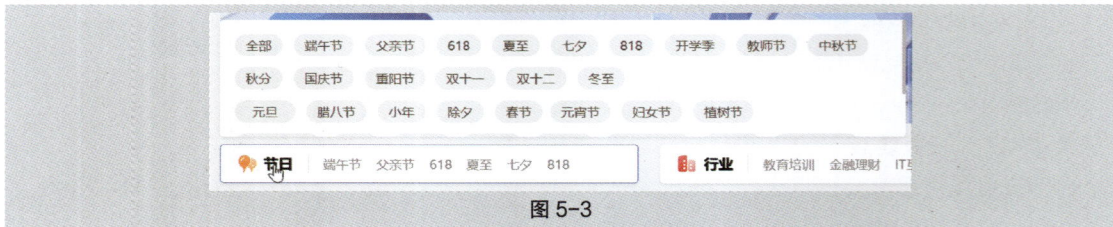

图 5-3

（2）在模板中选择"腊八节知多少"，如图 5-4 所示。单击下方的"立即创建"按钮，进入编辑页面，如图 5-5 所示。

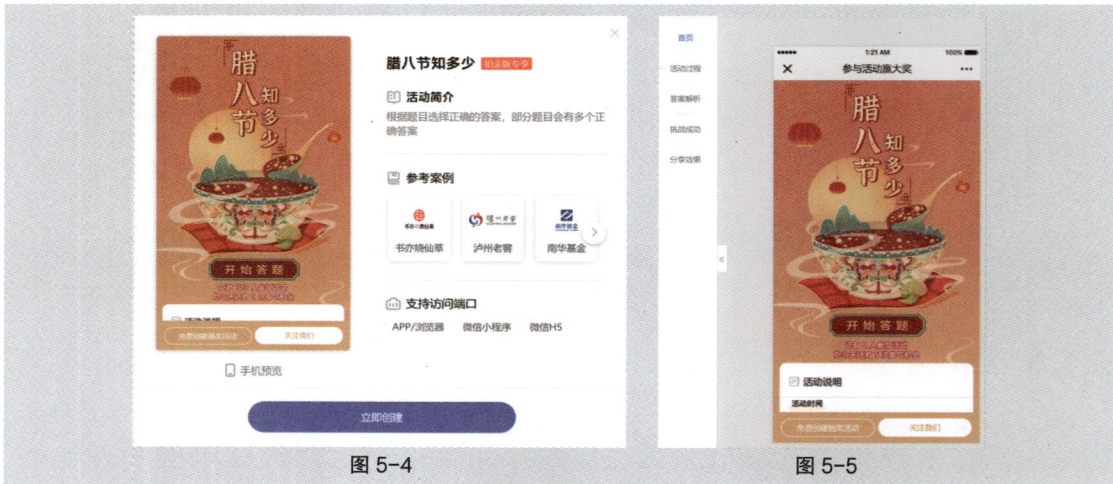

图 5-4　　　　　　　　　　　　　　　　　图 5-5

（3）在"首页"页面中选中"腊八节知多少"图片，如图 5-6 所示，单击鼠标右键，在弹出的菜单中选择"图片另存为"命令，弹出"另存为"对话框，将"文件名"设为"01"，单击"保存"按钮，将图片保存。

（4）打开 Photoshop。按"Ctrl + O"组合键，打开云盘中的"Ch05 > 腊八知识测试问答 H5页面的制作 > 视觉设计 > 素材 > 01"文件。

（5）选择"多边形套索工具" ，绘制选区，如图 5-7 所示。按"Alt+Delete"组合键，用前景色填充选区。按"Ctrl+D"组合键，取消选区，效果如图 5-8 所示。

图 5-6　　　　　　　　　图 5-7　　　　　　　　　图 5-8

（6）选择"直排文字工具" 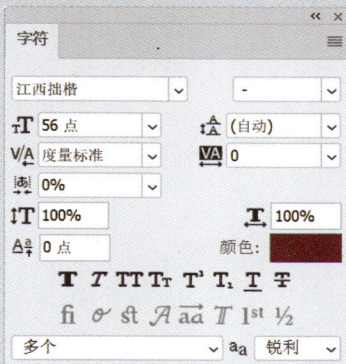，在适当的位置输入需要的文字并选择文字。在"字符"控制面板中选择合适的字体并设置文字大小，将文字颜色设为深红色（150,14,32），具体设置如图 5-9 所示，效果如图 5-10 所示。选择文字图层，将其拖曳到"图层"控制面板下方的"创建新图层"按钮  上进行复制，连续按↑＋←键将文字移至适当的位置，效果如图 5-11 所示。

图 5-9　　　　　　　　　图 5-10　　　　　　　　　图 5-11

（7）选择"知识问答 拷贝"图层。单击"图层"控制面板下方的"添加图层样式"按钮 *fx*，在弹出的菜单中选择"渐变叠加"命令，在弹出的对话框中进行设置，如图 5-12 所示。单击"确定"按钮，效果如图 5-13 所示。

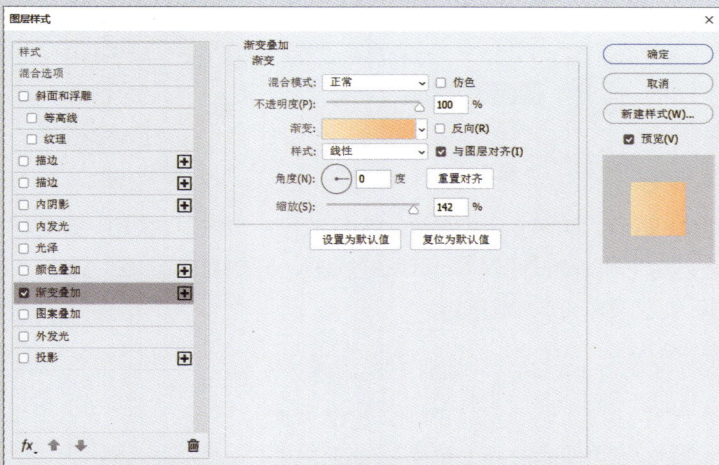

图 5-12　　　　　　　　　　　　　　　　　　　　图 5-13

（8）再次单击"图层"控制面板下方的"添加图层样式"按钮 *fx*，在弹出的菜单中选择"描边"命令，设置描边颜色为深红色（150,14,32），其他设置如图 5-14 所示。单击"确定"按钮，效果如图 5-15 所示。

（9）选择"文件 > 导出 > 存储为 Web 所用格式"命令，弹出"存储为 Web 所用格式"对话框，选择 PNG-8 格式。单击"存储"按钮，弹出"将优化结果存储为"对话框，单击"保存"按钮，将图片保存。

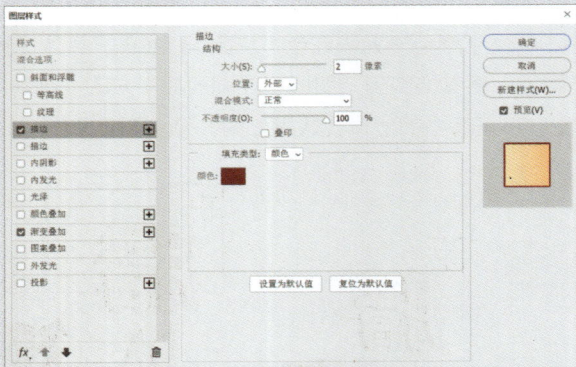

图 5-14                                                              图 5-15

## 5.1.4　制作发布

（1）返回凡科官网，在"首页"页面中选中"腊八节知多少"图片，如图 5-16 所示。单击"更换图片"按钮，弹出"编辑图片"对话框，如图 5-17 所示。单击"上传替换"按钮，弹出"打开"对话框，选择云盘中的"Ch05 > 腊八知识测试问答 H5 页面的制作 > 制作发布 > 01"文件，单击"打开"按钮，上传图片，完成后的效果如图 5-18 所示，图片替换完毕。

图 5-16                             图 5-17                             图 5-18

（2）单击切换到"高级设置"页面，如图 5-19 所示。单击"上传二维码"按钮，弹出"打开"对话框，选择云盘中的"Ch05 > 腊八知识测试问答 H5 页面的制作 > 制作发布 > 02"文件，单击"打开"按钮，上传二维码，完成后的效果如图 5-20 所示。

图 5-19                                                              图 5-20

（3）单击右上角的"预览与发布"按钮，弹出"预览"对话框，生成二维码和小程序链接，扫描二维码即可观看最终效果，如图 5-21 所示。

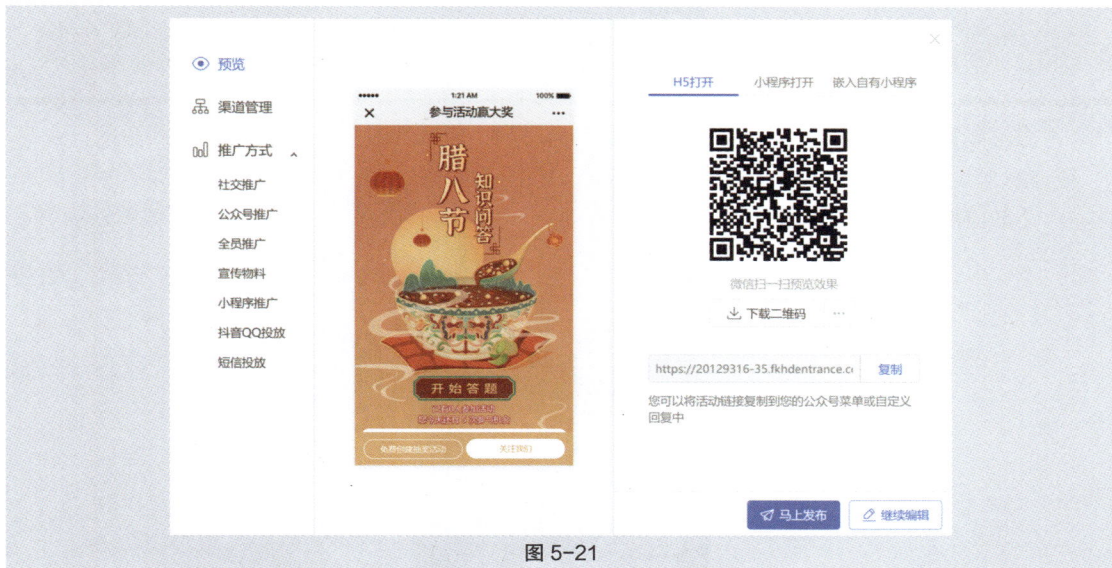

图 5-21

## 5.2 | 课堂练习——古诗词测试问答 H5 页面的制作

【练习知识要点】使用谷歌浏览器登录凡科官网，使用凡科互动模板制作古诗词测试问答 H5 页面，修改并替换首页中的素材以及调整高级设置，效果如图 5-22 所示。

【效果所在位置】云盘 /Ch05/ 效果 / 古诗词测试问答 H5 页面的制作。

图 5-22

# 5.3 课后习题——IT 互联网行业脑力测试 H5 页面的制作

【习题知识要点】使用谷歌浏览器登录凡科官网，使用凡科互动模板制作 IT 互联网行业脑力测试 H5 页面，修改并替换首页中的素材，调整高级设置，效果如图 5-23 所示。

【效果所在位置】云盘 /Ch05/ 效果 /IT 互联网行业脑力测试 H5 页面的制作。

图 5-23

# 06

# 第6章

# 滑动翻页 H5 页面的制作

▶ **本章介绍**

　　滑动翻页 H5 页面是较为常见的一类 H5 页面，滑动翻页是被广大用户接受的交互方式。本章从实战角度对滑动翻页 H5 页面的项目策划、交互设计、视觉设计及制作发布进行系统讲解。通过本章的学习，读者可以了解滑动翻页 H5 页面的设计思路，并掌握制作和发布滑动翻页 H5 页面的方法。

## 学习目标

- 了解文化传媒企业招聘 H5 页面的项目策划思路。
- 熟悉文化传媒企业招聘 H5 页面的交互设计思路。

微课

第6章简介

## 技能目标

- 掌握文化传媒企业招聘 H5 页面的视觉设计方法。
- 掌握文化传媒企业招聘 H5 页面的制作和发布方法。

## 素养目标

- 提高学生的职业生涯规划意识。
- 加深学生对就业市场的了解。

【案例学习目标】了解文化传媒企业招聘 H5 页面的项目策划及交互设计思路，学习使用 Photoshop 制作 H5 页面视觉效果的方法，以及使用凡科微传单制作和发布 H5 的方法。

【案例知识要点】使用谷歌浏览器登录凡科官网，使用凡科微传单制作文化传媒企业招聘 H5 页面；使用 Photoshop 制作首页、关于我们、工作环境、福利待遇、招聘岗位、招聘流程和岗位申请等页面的视觉效果；使用凡科微传单的动画功能制作 H5 页面动画，效果如图 6-1 所示。

【效果所在位置】云盘 /Ch06/ 效果 / 文化传媒企业招聘 H5 页面的制作。

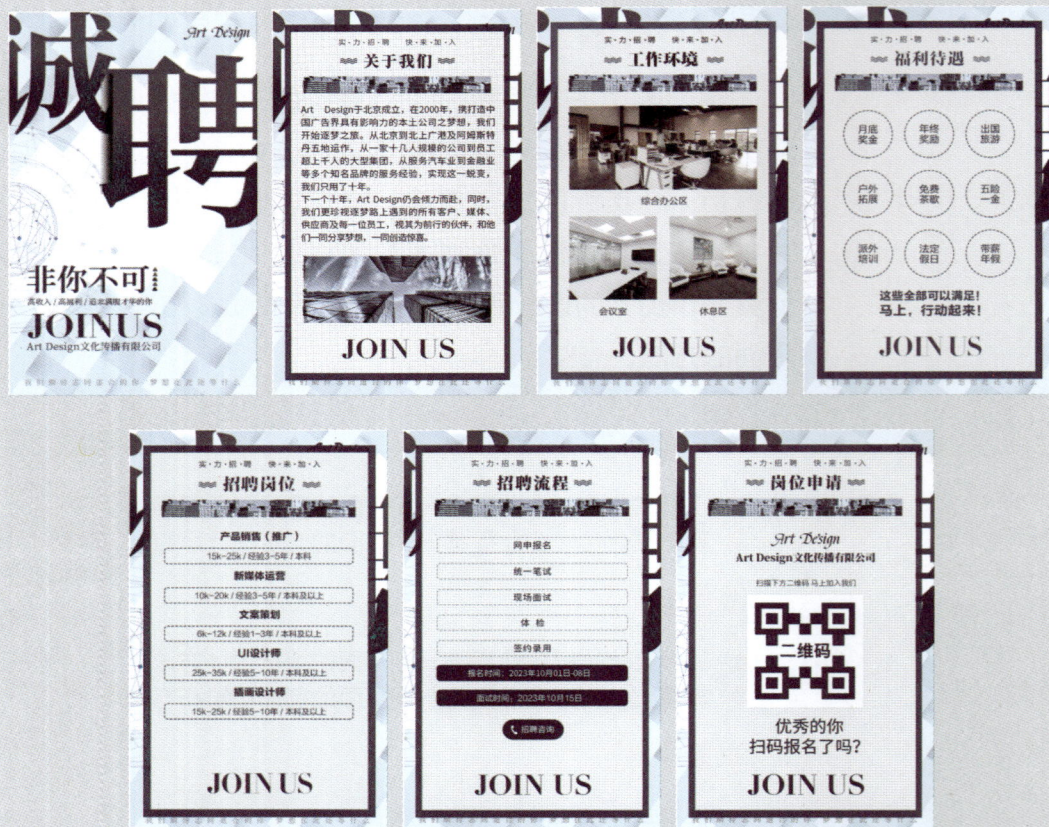

图 6-1

## 6.1.1  项目策划

Art Design 是一家成立了近 20 年的专业广告设计公司，此次想通过 H5 页面进行企业人才招聘。在内容上，分为首页、关于我们、工作环境、福利待遇、招聘岗位、招聘流程以及岗位申请。在视觉上，运用图文结合以及高级灰体现公司的沉稳大气。在制作上，摒弃复杂的表现效果，采用简单翻页效果以让用户的注意力集中在招聘内容上。

## 6.1.2  交互设计

通过前期基本的项目策划，设计师对 H5 页面的原型进行了梳理，并运用 Axure 进行了绘制，如图 6-2 所示。

图 6-2

## 6.1.3  视觉设计

### 1.  首页

（1）打开 Photoshop。按"Ctrl+N"组合键，新建一个文件，宽度为 750 像素，高度为 1206 像素，分辨率为 72 像素／英寸，背景内容为白色，单击"创建"按钮，完成文档新建。

（2）选择"文件 > 置入嵌入的对象"命令，弹出"置入嵌入的对象"对话框，分别选择云盘中的"Ch06 > 文化传媒企业招聘 H5 页面的制作 > 视觉设计 > 素材 > 01、02"文件，单击"置入"按钮，将图片置入图像窗口中，将其分别拖曳到适当的位置并调整大小，按"Enter"键确定操作，效果如图 6-3 所示。在"图层"控制面板中分别生成新图层并将其命名为"底图"和"地球"，如图 6-4 所示。

（3）选择"横排文字工具" T.，在适当的位置输入需要的文字并选择文字，在属性栏中选择合适的字体并设置文字大小，效果如图 6-5 所示，在"图层"控制面板中生成新的文字图层。

图 6-3          图 6-4          图 6-5

（4）单击"图层"控制面板下方的"添加图层样式"按钮 fx，在弹出的菜单中选择"渐变叠加"命令，弹出"图层样式"对话框，单击"渐变"选项右侧的"点按可编辑渐变"按钮，弹出"渐变编辑器"对话框，将渐变色设为从深蓝色（34,51,85）到灰蓝色（89,97,113），如图 6-6 所示，单击"确定"按钮。返回"图层样式"对话框，其他设置如图 6-7 所示。单击"确定"按钮，效果如图 6-8 所示。用相同的方法输入并设置其他文字，效果如图 6-9 所示。

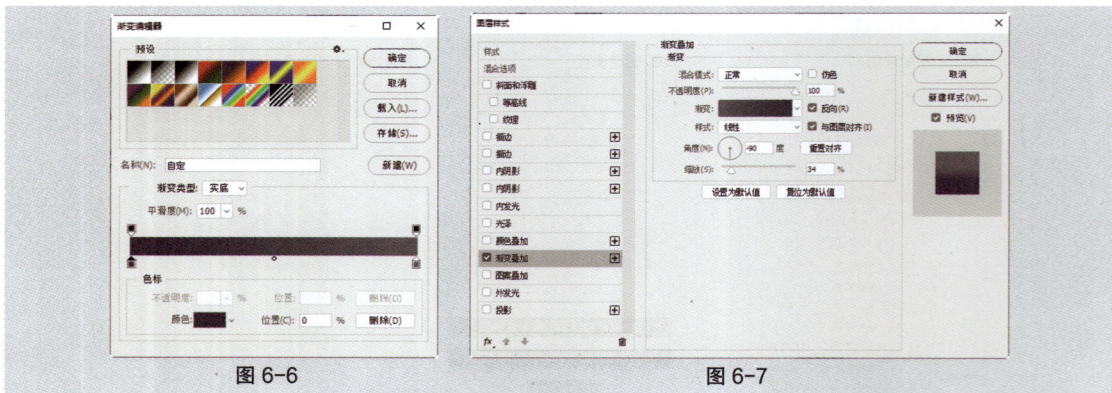

图 6-6          图 6-7

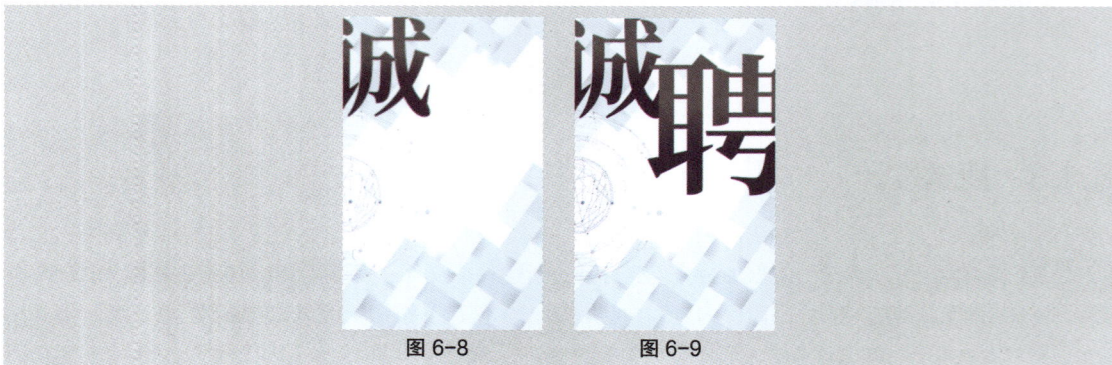

图 6-8          图 6-9

（5）选择"钢笔工具" ，将属性栏中的"选择工具模式"选项设为"形状"，在图像窗口中绘制图形，效果如图 6-10 所示，在"图层"控制面板中生成新的形状图层并将其命名为"阴影"。单击"图层"控制面板下方的"添加图层蒙版"按钮 ▣，为"阴影"图层添加图层蒙版，如图 6-11 所示。

图 6-10　　　　　　　图 6-11

（6）选择"渐变工具" ，单击属性栏中的"点按可编辑渐变"按钮 ▬▬，弹出"渐变编辑器"对话框。将渐变色设为从黑色到白色，如图 6-12 所示，单击"确定"按钮。在图像窗口中从左到右拖曳渐变色，效果如图 6-13 所示。在"图层"控制面板中，将"阴影"图层拖曳到"聘"文字图层的下方，如图 6-14 所示，效果如图 6-15 所示。

图 6-12　　　　　　图 6-13　　　　　　图 6-14　　　　　　图 6-15

（7）选择"横排文字工具" ，在图像窗口中分别输入需要的文字并选择文字，在属性栏中分别选择合适的字体并设置文字大小，将文字颜色设为深蓝色（43,58,96），效果如图 6-16 所示。在"图层"控制面板中分别生成新的文字图层。选择"Art Design 文化……"文字图层，按"Alt+ →"组合键，适当调整文字的间距，效果如图 6-17 所示。

图 6-16　　　　　　　图 6-17

（8）选择"文件 > 置入嵌入的对象"命令，弹出"置入嵌入的对象"对话框。选择云盘中的"Ch06 > 文化传媒企业招聘 H5 页面的制作 > 视觉设计 > 素材 > 03"文件，单击"置入"按钮，将图片置入图像窗口中。将其拖曳到适当的位置并调整其大小，按"Enter"键确定操作，效果如图 6-18 所示，在"图层"控制面板中生成新图层并将其命名为"三角"。

（9）选择"横排文字工具" T.，在图像窗口中输入需要的文字并选择文字。在属性栏中选择合适的字体并设置文字大小，将文字颜色设为浅蓝色（168,174,194）。按"Alt+ →"组合键，适当调整文字的间距，效果如图 6-19 所示，在"图层"控制面板中生成新的文字图层。

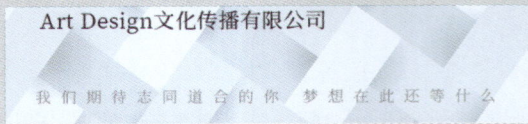

图 6-18                                    图 6-19

（10）在"图层"控制面板中，按住"Shift"键的同时，将"底图"图层和"我们期待……"文字图层及它们之间的所有图层同时选择。按"Ctrl+G"组合键，编组图层并将其命名为"首页"，如图 6-20 所示，效果如图 6-21 所示。

图 6-20                                    图 6-21

## 2. 关于我们

（1）在"图层"控制面板中，按"Ctrl+J"组合键，复制"首页"图层组，生成新的图层组"首页 拷贝"，如图 6-22 所示。按"Ctrl+E"组合键，合并图层组并将其命名为"图片"。单击"首页"图层组左侧的"指示图层可见性"按钮 ●，将"首页"图层组隐藏，如图 6-23 所示。

图 6-22                                    图 6-23

（2）选择"矩形工具" ▢，将属性栏中的"选择工具模式"选项设为"形状"，"填充"选项设为深蓝色（43,58,96），在图像窗口中绘制矩形，效果如图 6-24 所示，在"图层"控制面板中生成新图层"矩形 1"。在"图层"控制面板上方，将该图层的"不透明度"选项设为"85%"，如图 6-25 所示。按"Enter"键确定操作，效果如图 6-26 所示。

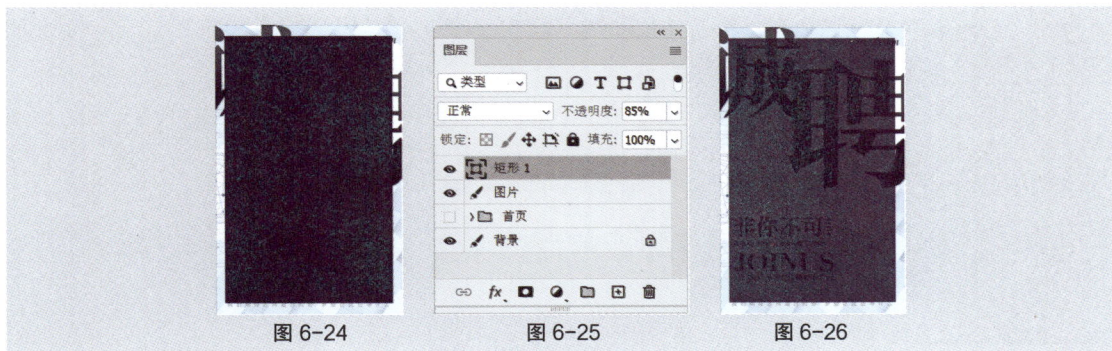

图 6-24　　　　　　图 6-25　　　　　　图 6-26

（3）按"Ctrl+J"组合键，复制"矩形 1"图层，生成新的图层"矩形 1 拷贝"。在"图层"控制面板上方，将该图层的"不透明度"选项设为"100%"，如图 6-27 所示，按"Enter"键确定操作。在属性栏中将"填充"选项设为白色。按"Ctrl+T"组合键，在图像周围出现变换框，按住"Alt+Shift"组合键的同时，拖曳右下角的控制手柄缩小图片，按"Enter"键确定操作，效果如图 6-28 所示。

（4）选择"窗口 > 图案"命令，单击右上方的 ≡ 按钮，在弹出的菜单中选择"旧版图案及其他"命令追加图案，如图 6-29 所示。单击"图层"控制面板下方的"添加图层样式"按钮 ƒx，在弹出的菜单中选择"图案叠加"命令，弹出"图层样式"对话框，单击"图案"选项，在弹出的面板中展开"旧版图案及其他 > 旧版图案 > 图案"选中需要的图案，如图 6-30（a）所示，其他选项的设置如图 6-30（b）所示，单击"确定"按钮，效果如图 6-31 所示。

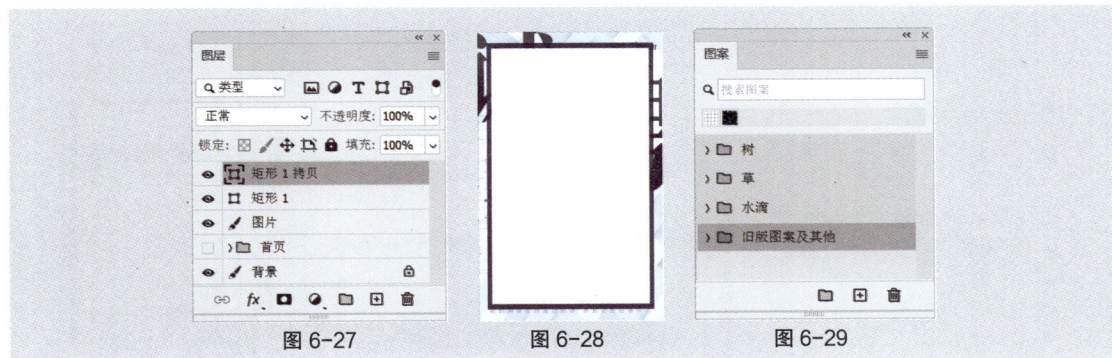

图 6-27　　　　　　图 6-28　　　　　　图 6-29

（5）选择"矩形工具" ▢，在图像窗口中绘制矩形，如图 6-32 所示。选择"文件 > 置入嵌入的对象"命令，弹出"置入嵌入的对象"对话框。选择云盘中的"Ch06 > 文化传媒企业招聘 H5 页面的制作 > 视觉设计 > 素材 > 04"文件，单击"置入"按钮，将图片置入图像窗口中。将其拖曳到适当的位置并调整大小，按"Enter"键确定操作，效果如图 6-33 所示，在"图层"控制面板中生成新图层并将其命名为"楼房"。

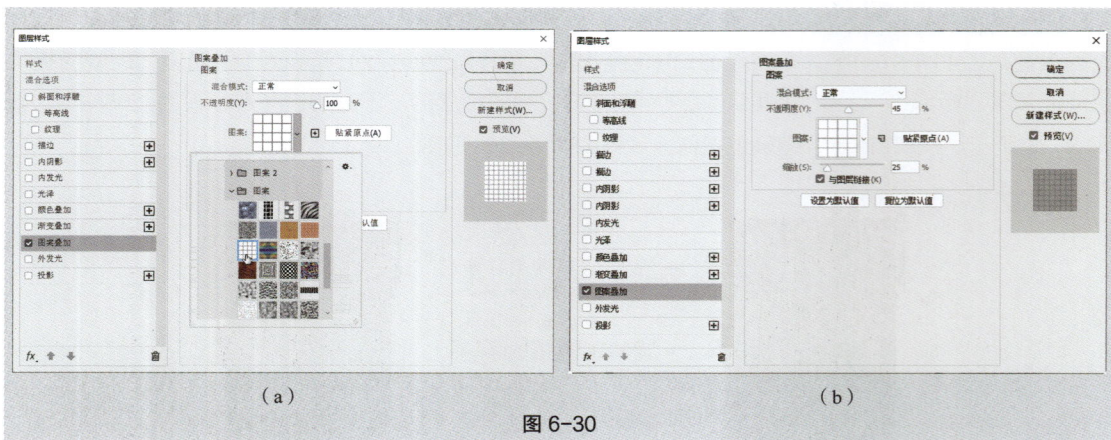

图 6-30

图 6-31

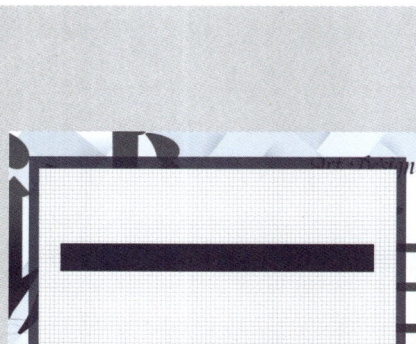

图 6-32

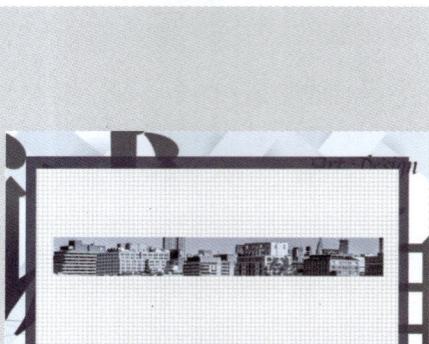

图 6-33

（6）按住"Alt"键的同时，将鼠标指针放在"楼房"图层和"矩形 2"图层的中间，鼠标指针变为 ↓□ 形状，如图 6-34 所示。单击创建剪贴蒙版，效果如图 6-35 所示。用相同的方法置入其他图片并制作剪贴蒙版，效果如图 6-36 所示。

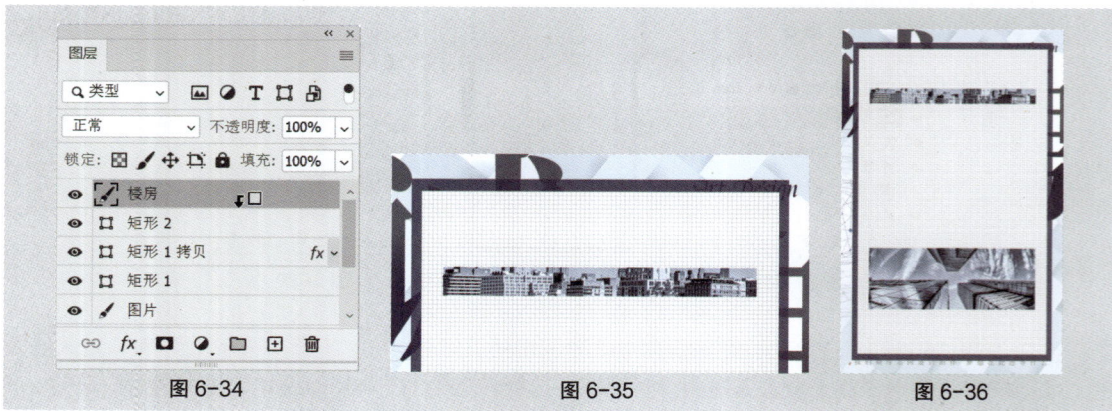

图 6-34                    图 6-35                    图 6-36

（7）选择"横排文字工具" **T.**，在适当的位置输入需要的文字并选择文字。在属性栏中选择合适的字体并设置文字大小，将文字颜色设为蓝色（75,87,120）。按"Alt+ →"组合键，适当调整文字的间距，效果如图 6-37 所示，在"图层"控制面板中生成新的文字图层。

图 6-37

（8）选择"椭圆工具" ⬭ ，按住"Shift"键的同时，在图像窗口中绘制圆形，效果如图 6-38 所示。选择"路径选择工具" ➤ ，按住"Alt+Shift"组合键的同时，水平向右拖曳图形到适当的位置，复制图形，效果如图 6-39 所示。按需要再复制出 4 个图形，效果如图 6-40 所示。

图 6-38

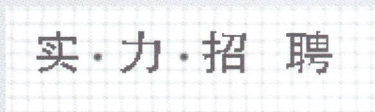

图 6-39

图 6-40

（9）选择"横排文字工具" T ，在适当的位置输入需要的文字并选择文字。在属性栏中选择合适的字体并设置文字大小，将文字颜色设为深蓝色（43,58,96）。按"Alt+ →"组合键，适当调整文字的间距，效果如图 6-41 所示，在"图层"控制面板中生成新的文字图层。

（10）选择"自定形状工具" ⬚ ，单击"形状"选项，弹出"形状"面板。单击面板右上方的 ⚙ 按钮，在弹出的菜单中选择"自然"命令，弹出提示对话框，单击"确定"按钮。在"形状"面板中选中"波浪"，如图 6-42 所示。在属性栏中设置"填充"选项为深蓝色（43,58,96），在图像窗口中拖曳鼠标绘制图形，如图 6-43 所示，在"图层"控制面板中生成新图层"形状 1"。

（11）选择"移动工具" ✛ ，按"Ctrl+J"组合键，复制"形状 1"图层，生成新的图层"形状 1 拷贝"。按住"Shift"键的同时，水平向右拖曳图形到适当的位置，效果如图 6-44 所示。

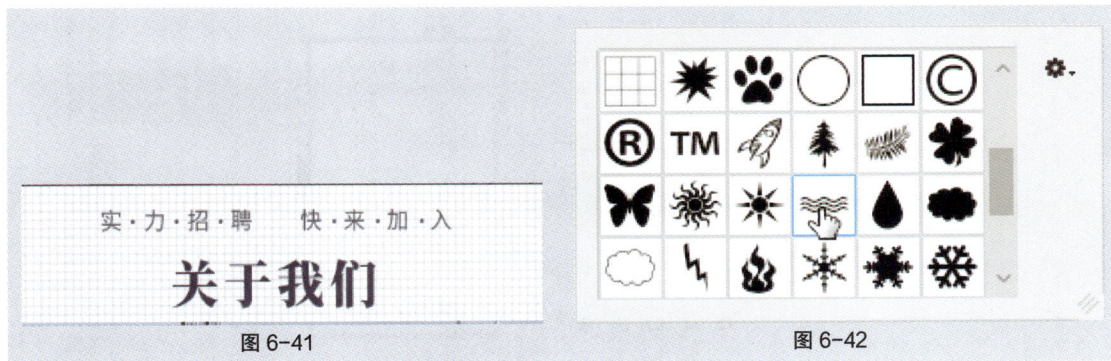

图 6-41

图 6-42

图 6-43　　　　　　　　　　　　　　　　图 6-44

（12）选择"横排文字工具" **T.**，在属性栏中选择合适的字体并设置文字大小，在图像窗口中鼠标指针变为 **I** 形状，按住鼠标左键向右下方拖曳鼠标，释放鼠标左键，拖曳出一个文本框，如图 6-45 所示。在文本框中输入需要的文字并选择文字，按"Alt+↓"组合键，适当调整文字的行距，效果如图 6-46 所示。

（13）选择"横排文字工具" **T.**，在适当的位置输入需要的文字并选择文字。在属性栏中选择合适的字体并设置文字大小，效果如图 6-47 所示，在"图层"控制面板中生成新的文字图层。

（14）在"图层"控制面板中，按住"Shift"键的同时，将"图片"图层和"JOIN US"文字图层及它们之间的所有图层同时选择，按"Ctrl+G"组合键，编组图层并将其命名为"关于我们"。

图 6-45　　　　　　　　　　图 6-46　　　　　　　　　　图 6-47

### 3．工作环境

（1）在"图层"控制面板中，按"Ctrl+J"组合键，复制"关于我们"图层组，生成新的图层组并将其命名为"工作环境"。单击"关于我们"图层组左侧的眼睛图标 👁，将其隐藏，如图 6-48 所示。单击展开"工作环境"图层组，按住"Ctrl"键的同时，选择"Art Design 于北京成立……"文字图层、"矩形 3"图层和"楼房 2"图层，按"Delete"键删除图层，效果如图 6-49 所示。

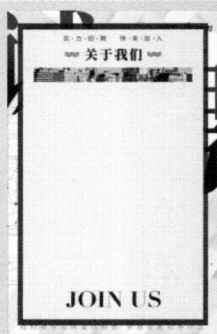
图 6-48　　　　　　　　　　图 6-49

（2）选择"横排文字工具" **T.**，选择文字"关于我们"，修改为"工作环境"，效果如图 6-50 所示。选择"矩形工具" **□.**，在图像窗口中绘制矩形，如图 6-51 所示。

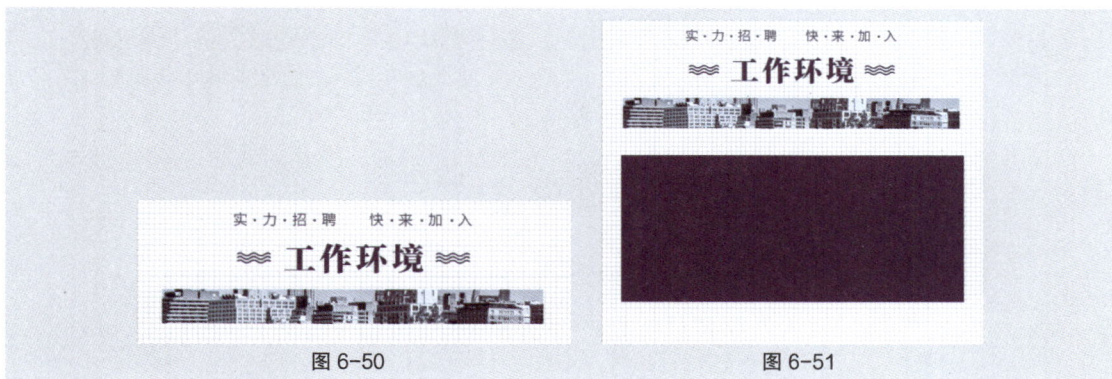

图 6-50

图 6-51

（3）选择"文件 > 置入嵌入的对象"命令，弹出"置入嵌入的对象"对话框。选择云盘中的"Ch06 > 文化传媒企业招聘 H5 页面的制作 > 视觉设计 > 素材 > 06"文件，单击"置入"按钮，将图片置入图像窗口中。将其拖曳到适当的位置并调整大小，按"Enter"键确定操作，效果如图 6-52 所示，在"图层"控制面板中生成新图层并将其命名为"综合办公区"。

（4）按"Alt+Ctrl+G"组合键，为图层创建剪贴蒙版，效果如图 6-53 所示。选择"横排文字工具" **T.**，在适当的位置输入需要的文字并选择文字，在属性栏中选择合适的字体并设置文字大小，效果如图 6-54 所示，在"图层"控制面板中生成新的文字图层。用相同的方法置入其他图片并制作剪贴蒙版，添加文字，效果如图 6-55 所示。

图 6-52

图 6-53

图 6-54

图 6-55

**4. 福利待遇**

（1）在"图层"控制面板中，按"Ctrl+J"组合键，复制"工作环境"图层组，生成新的图层组并将其命名为"福利待遇"。单击"工作环境"图层组左侧的眼睛图标 👁，将其隐藏，如图 6-56 所示。单击展开"福利待遇"图层组，按住"Shift"键的同时，将"休息区"文字图层和"矩形 4"图层及它们之间的所有图层同时选择，按"Delete"键删除图层，效果如图 6-57 所示。

（2）选择"横排文字工具" T，选择文字"工作环境"，修改为"福利待遇"，效果如图 6-58 所示。

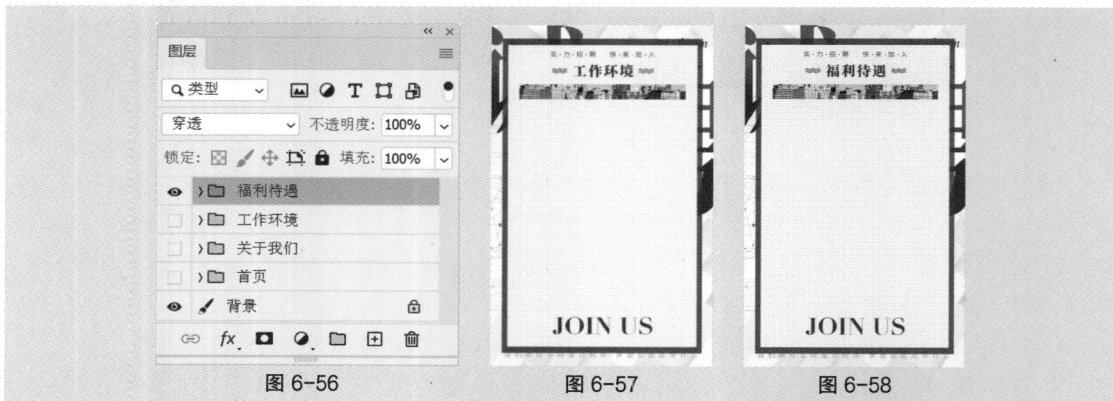

图 6-56　　　　　　　图 6-57　　　　　　　图 6-58

（3）选择"椭圆工具" ◯，在属性栏中将"填充"选项设为"无颜色"，"描边"选项设为深蓝色（43,58,96），"描边宽度"选项设为"2 像素"，"描边类型"选项设为虚线，按住"Shift"键的同时，在图像窗口中绘制圆形，效果如图 6-59 所示，在"图层"控制面板中生成新的形状图层"椭圆 2"。

（4）选择"横排文字工具" T，在适当的位置输入需要的文字并选择文字，在属性栏中选择合适的字体并设置文字大小，按"Alt+↑"组合键，适当调整文字的行距，效果如图 6-60 所示，在"图层"控制面板中生成新的文字图层。

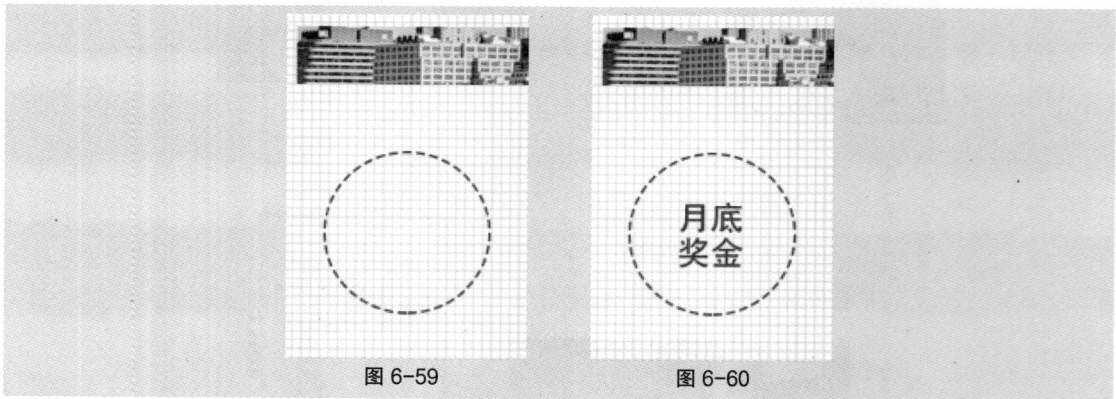

图 6-59　　　　　　　　　图 6-60

（5）在"图层"控制面板中，按住"Ctrl"键的同时，选择"椭圆 2"图层和"月底奖金"图层，如图 6-61 所示。按"Ctrl+G"组合键，编组图层并将其命名为"月底奖金"，如图 6-62 所示。

（6）选择"移动工具" ✛，按住"Alt+Shift"组合键的同时，将图形和文字水平向右拖曳到适当的位置，复制图形和文字，效果如图 6-63 所示，在"图层"控制面板中生成新图层组并将其命名为"年终奖励"。

图 6-61

图 6-62

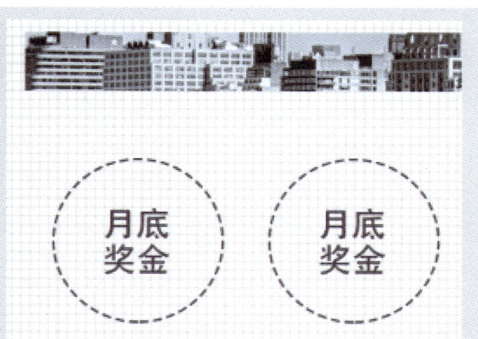
图 6-63

（7）选择"横排文字工具" T.，选择文字"月底奖金"，修改为"年终奖励"，效果如图 6-64 所示。用相同的方法制作其他图形和文字，效果如图 6-65 所示。

（8）选择"横排文字工具" T.，在图像窗口中分别输入需要的文字并选择文字，在属性栏中分别选择合适的字体并设置文字大小，效果如图 6-66 所示，在"图层"控制面板中分别生成新的文字图层。

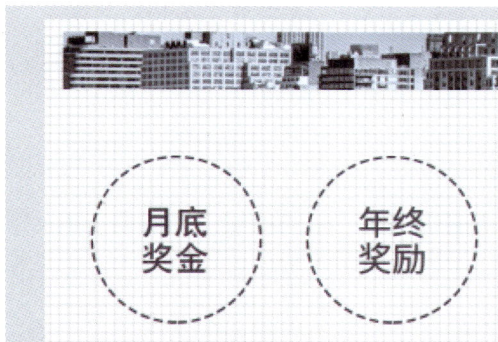
图 6-64

图 6-65

图 6-66

### 5. 招聘岗位

（1）在"图层"控制面板中，按"Ctrl+J"组合键，复制"福利待遇"图层组，生成新的图层组并将其命名为"招聘岗位"。单击"福利待遇"图层组左侧的眼睛图标 ⊙，将其隐藏，如图 6-67 所示。单击展开"招聘岗位"图层组，按住"Shift"键的同时，将"月底奖金"图层组和"马上，行动……"文字图层及它们之间的所有图层同时选择，按"Delete"键删除图层，效果如图 6-68 所示。

（2）选择"横排文字工具" T.，选择文字"福利待遇"，修改为"招聘岗位"，效果如图 6-69 所示。

（3）选择"横排文字工具" T.，在图像窗口中分别输入需要的文字并选择文字，在属性栏中分别选择合适的字体并设置文字大小，效果如图 6-70 所示，在"图层"控制面板中分别生成新的文字图层。

（4）选择"圆角矩形工具" ▢.，在属性栏中将"填充"选项设为"无颜色"，"描边"选项设为深蓝色（43,58,96），"描边宽度"选项设为"2像素"，"描边类型"选项设为虚线，"半径"选项设为"10像素"，在图像窗口中绘制圆角矩形，效果如图6-71所示，在"图层"控制面板中生成新图层"圆角矩形1"。

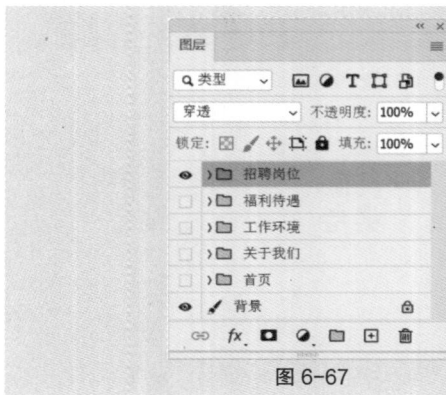
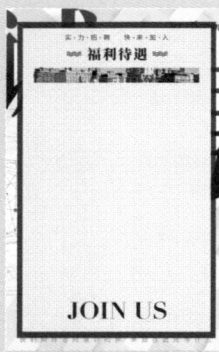
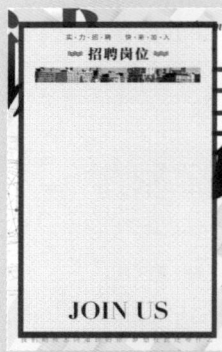

图6-67        图6-68        图6-69

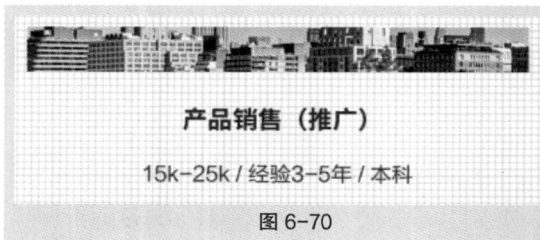

图6-70          图6-71

（5）在"图层"控制面板中，按住"Ctrl"键的同时，选择"圆角矩形1"图层和"产品销售（推广）"图层。按"Ctrl+G"组合键，编组图层并将其命名为"产品销售"，如图6-72所示。

（6）选择"移动工具" ，按住"Alt+Shift"组合键的同时，将图形和文字垂直向下拖曳到适当的位置，复制图形和文字，效果如图6-73所示，在"图层"控制面板中生成新图层组并将其命名为"新媒体运营"。

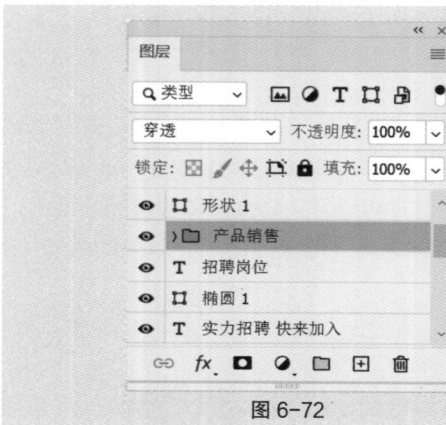

图6-72          图6-73

（7）选择"横排文字工具" ，分别选择并修改需要的文字，效果如图6-74所示。用相同的方法制作其他图形和文字，效果如图6-75所示。

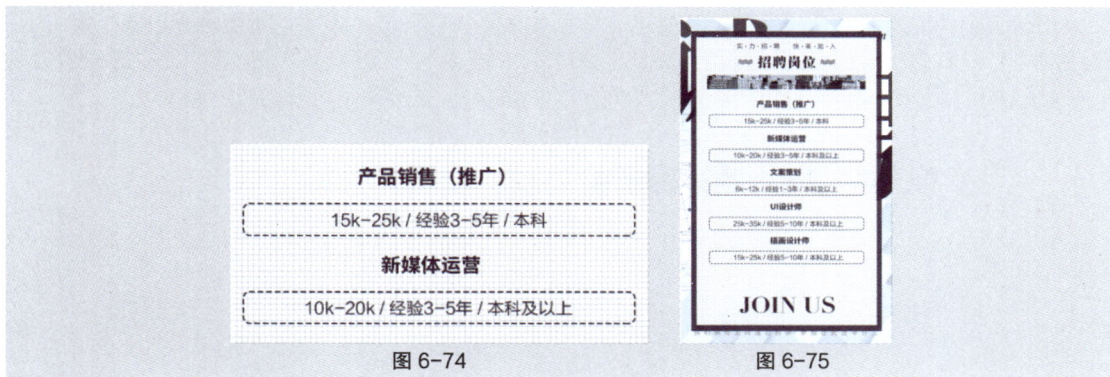

| 图 6-74 | 图 6-75 |

### 6. 招聘流程

（1）在"图层"控制面板中，按"Ctrl+J"组合键，复制"招聘岗位"图层组，生成新的图层组并将其命名为"招聘流程"。单击"招聘岗位"图层组左侧的眼睛图标 👁，将其隐藏，如图 6-76 所示。单击展开"招聘流程"图层组，按住"Shift"键的同时，将"插画设计师"图层组和"产品销售"图层组及它们之间的所有图层同时选择，按"Delete"键删除图层，效果如图 6-77 所示。

（2）选择"横排文字工具" T.，选择文字"招聘岗位"，修改为"招聘流程"，按"Enter"键确定操作，效果如图 6-78 所示。

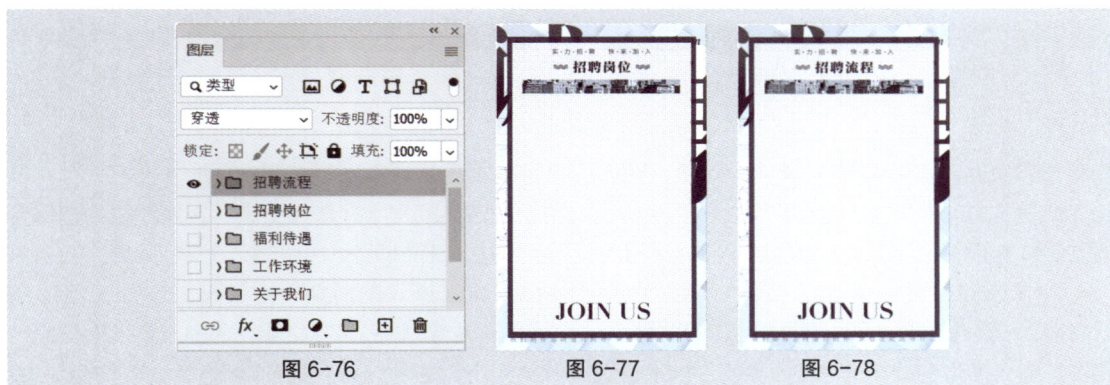

| 图 6-76 | 图 6-77 | 图 6-78 |

（3）选择"横排文字工具" T.，在图像窗口中输入需要的文字并选择文字，在属性栏中选择合适的字体并设置文字大小，效果如图 6-79 所示，在"图层"控制面板中生成新的文字图层。

（4）选择"圆角矩形工具" ◻.，在属性栏中将"描边"选项设为深蓝色（160,164,180），在图像窗口中绘制圆角矩形，效果如图 6-80 所示，在"图层"控制面板中生成新图层"圆角矩形 2"。在"图层"控制面板中，按住"Ctrl"键的同时，选择"圆角矩形 2"图层和"网申报名"图层。按"Ctrl+G"组合键，编组图层并将其命名为"网申报名"。

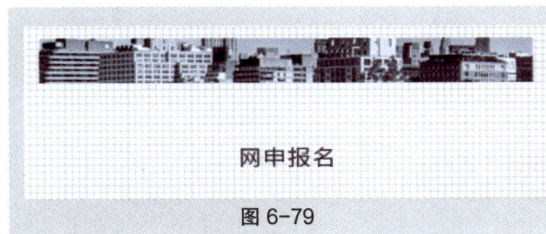

图 6-79

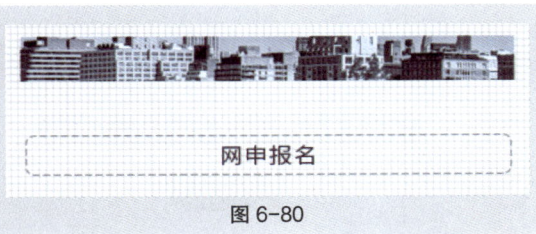

图 6-80

（5）用相同的方法制作其他图形和文字，效果如图 6-81 所示。选择"圆角矩形工具" 〇 ，在属性栏中将"填充"选项设为深蓝色（43,58,96），"描边"选项设为"无颜色"，在图像窗口中绘制圆角矩形，效果如图 6-82 所示，在"图层"控制面板中生成新图层"圆角矩形 3"。

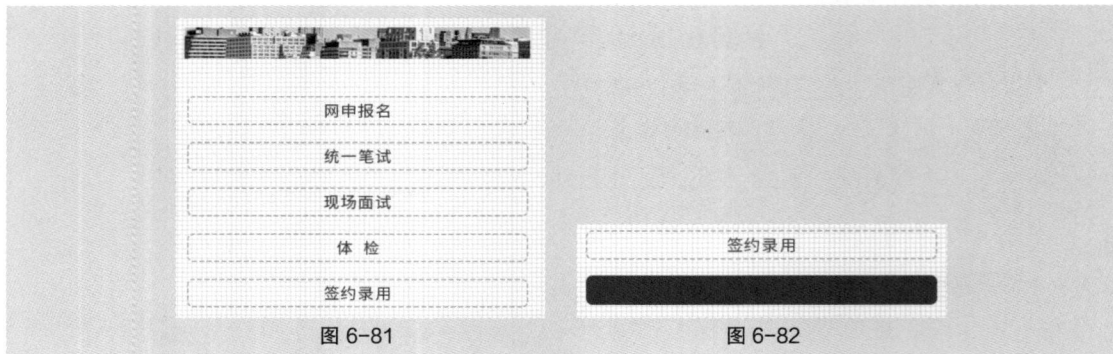

图 6-81

图 6-82

（6）选择"横排文字工具" T ，在图像窗口中输入需要的文字并选择文字，在属性栏中选择合适的字体并设置文字大小，将文字颜色设为白色，效果如图 6-83 所示，在"图层"控制面板中生成新的文字图层。用相同的方法制作其他图形和文字，效果如图 6-84 所示。

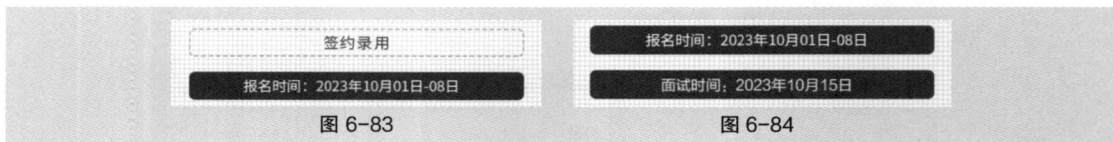

图 6-83

图 6-84

（7）选择"圆角矩形工具" 〇 ，在属性栏中将"半径"选项设为"30 像素"，在图像窗口中绘制圆角矩形，效果如图 6-85 所示，在"图层"控制面板中生成新图层"圆角矩形 4"。

（8）选择"横排文字工具" T ，在图像窗口中输入需要的文字并选择文字，在属性栏中选择合适的字体并设置文字大小，效果如图 6-86 所示，在"图层"控制面板中生成新的文字图层。

（9）选择"文件 > 置入嵌入对象"命令，弹出"置入嵌入的对象"对话框。选择云盘中的"Ch06 > 文化传媒企业招聘 H5 页面的制作 > 视觉设计 > 素材 > 09"文件，单击"置入"按钮，将图片置入图像窗口中。将其拖曳到适当的位置并调整大小，按"Enter"键确定操作，效果如图 6-87 所示，在"图层"控制面板中生成新图层并将其命名为"电话"。

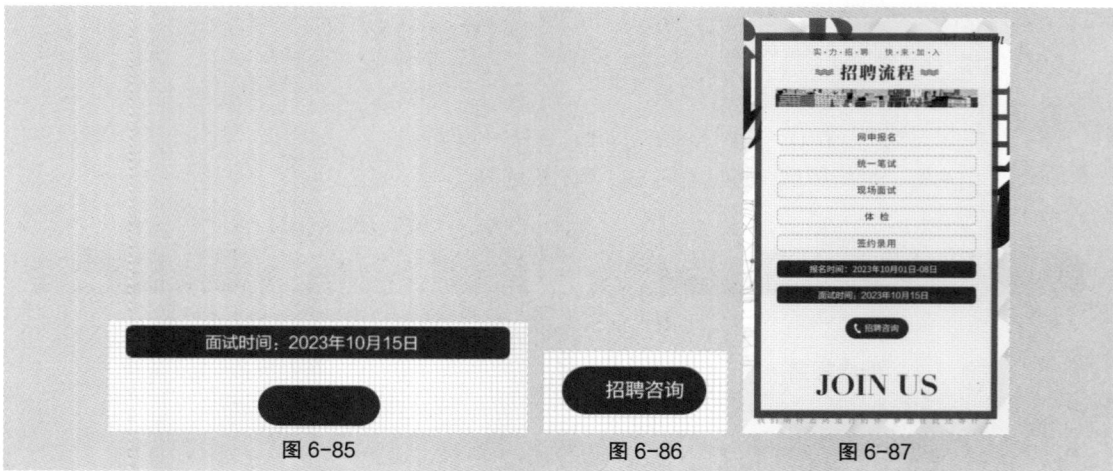

图 6-85

图 6-86

图 6-87

### 7. 岗位申请

（1）在"图层"控制面板中，按"Ctrl+J"组合键，复制"招聘流程"图层组，生成新图层组并将其命名为"岗位申请"。单击"招聘流程"图层组左侧的眼睛图标 👁，将其隐藏。单击展开"岗位申请"图层组，按住"Shift"键的同时，将"网申报名"图层组和"电话"之间的所有图层同时选择，按"Delete"键删除图层。

（2）选择"横排文字工具" **T.**，选取文字"招聘流程"，修改为"岗位申请"，效果如图 6-88所示。

（3）选择"横排文字工具" **T.**，在图像窗口中分别输入需要的文字并选择文字，在属性栏中分别选择合适的字体并设置文字大小，效果如图 6-89 所示，在"图层"控制面板中分别生成新的文字图层。

（4）选择"文件 > 置入嵌入的对象"命令，弹出"置入嵌入的对象"对话框，选择云盘中的"Ch06 > 文化传媒企业招聘 H5 页面的制作 > 视觉设计 > 素材 > 10"文件，单击"置入"按钮，将图片置入图像窗口中。将其拖曳到适当的位置并调整大小，按"Enter"键确定操作，效果如图 6-90所示，在"图层"控制面板中生成新图层并将其命名为"公司二维码"。至此，文化传媒企业招聘H5 页面的视觉效果制作完成。

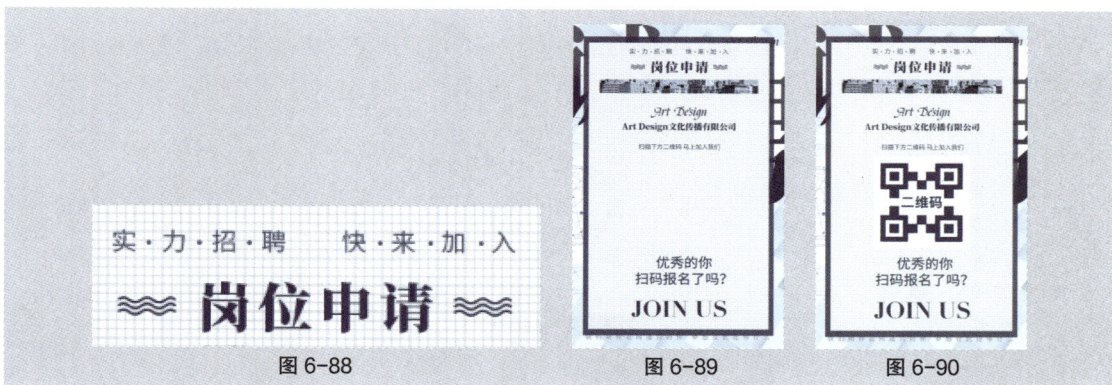

图 6-88　　　　　　　　　图 6-89　　　　　　　　　图 6-90

（5）在"图层"控制面板中，单击"岗位申请"图层组左侧的眼睛图标 👁，将其隐藏。单击"首页"图层组左侧的眼睛图标，将其显示，单击展开"首页"图层组。

（6）选择"移动工具" ✛，在"底图"图层上单击鼠标右键，在弹出的菜单中选择"快速导出为 PNG"命令，弹出"存储为"对话框。将"文件名"设为"01"，单击"保存"按钮，将图片保存。用相同的方法导出其他素材图片，如图 6-91 所示。

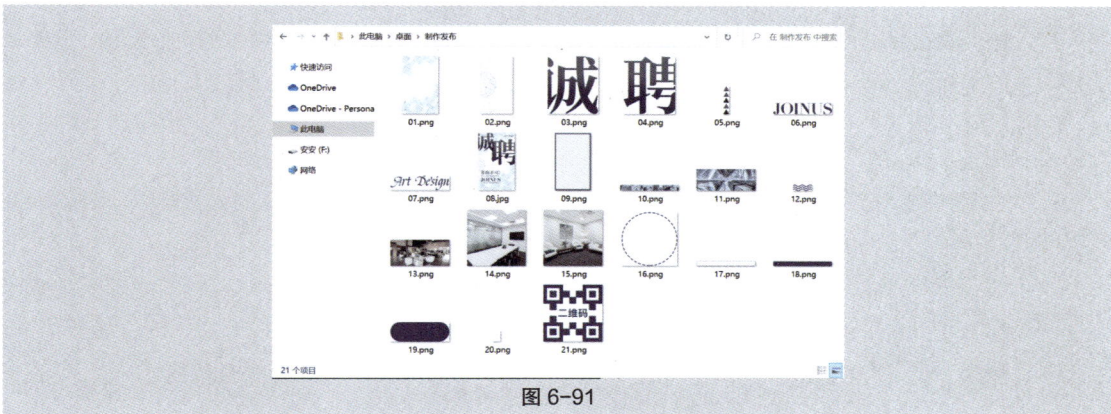

图 6-91

## 6.1.4 制作发布

（1）使用谷歌浏览器登录凡科微传单。单击"进入管理"按钮，跳转到"模板商城"页面，如图6-92所示。选择"从空白创建"，如图6-93所示。

图6-92　　　　　　　　　　　　　　　　　　　　　　　　　　　　图6-93

（2）单击页面右侧"背景"面板中的空白区域，如图6-94所示。在弹出的对话框中单击"本地上传"按钮，选择云盘中"Ch06＞文化传媒企业招聘H5页面的制作＞制作发布"的所有文件，单击"打开"按钮，上传图片，如图6-95所示。单击使用"01"素材，页面效果如图6-96所示。

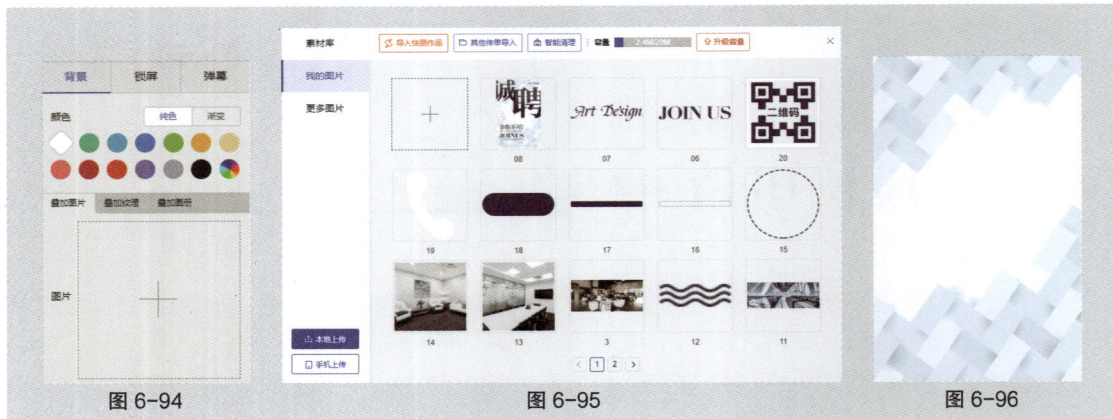

图6-94　　　　　　　　　　　　　图6-95　　　　　　　　　　　　　图6-96

（3）单击页面上方的"素材"选项，在弹出的对话框中单击使用"02"素材，将其拖曳到适当的位置，在页面空白处单击，效果如图6-97所示。选择素材，切换到"动画"面板，单击使用"向右飞入"入场动画，其他设置如图6-98所示。用相同的方法添加其他素材，并为其添加动画，页面效果如图6-99所示。

（4）单击"文本"选项，在弹出的菜单中选择"副标题"，输入需要的文字，选择合适的字体并设置文字大小，设置文字颜色为深蓝色，拖曳到适当的位置，如图6-100所示。切换到"动画"面板，为文字添加动画，单击使用"向上飞入"入场动画。用相同的方法输入其他文字并添加动画，效果如图6-101所示。

（5）单击页面上方的"素材"选项，在弹出的对话框中选取需要的素材，分别将其拖曳到适当的位置并添加动画，在页面空白处单击，效果如图6-102所示。用上述方法输入文字并添加动画，将其拖曳到适当的位置，效果如图6-103所示。

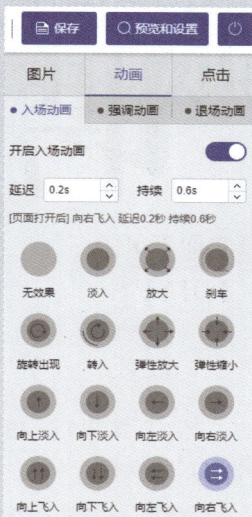

图 6-97    图 6-98    图 6-99

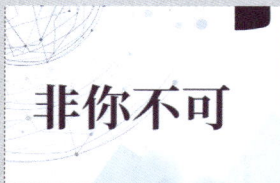

图 6-100    图 6-101

图 6-102    图 6-103

（6）单击效果右侧的"播放页面"按钮，即可观看页面效果，如图 6-104 所示。单击页面右上方的"保存"按钮保存页面效果，如图 6-105 所示。

图 6-104    图 6-105

（7）在左侧导航窗格"页面 1"下方区域单击添加新页面，如图 6-106 所示。单击页面右侧"背景"面板中的空白区域，在弹出的对话框中单击使用"08"素材，页面效果如图 6-107 所示。用相同的方法添加其他素材及文字，并添加动画，页面效果如图 6-108 所示。

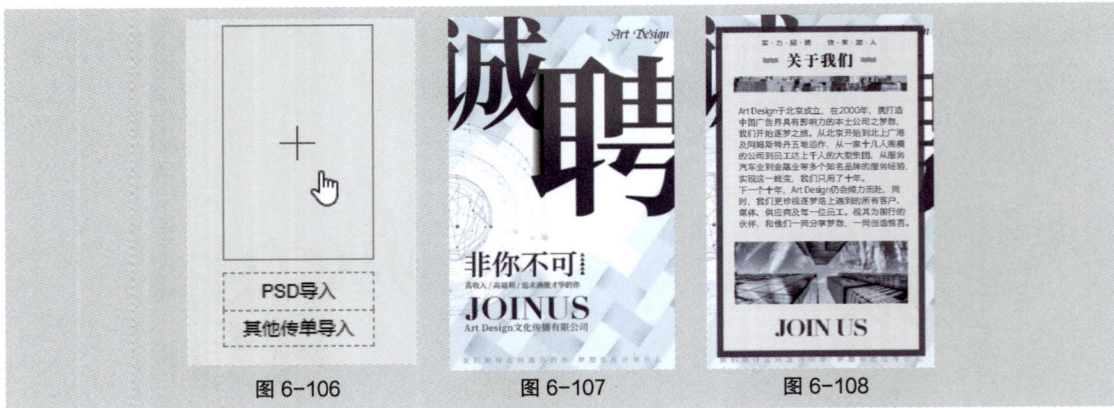

图 6-106　　　　　　　　图 6-107　　　　　　　　图 6-108

（8）单击左侧导航窗格"页面2"的"复制"按钮 ，复制页面，如图 6-109 所示。双击选择并输入文字，选择合适的字体，效果如图 6-110 所示。

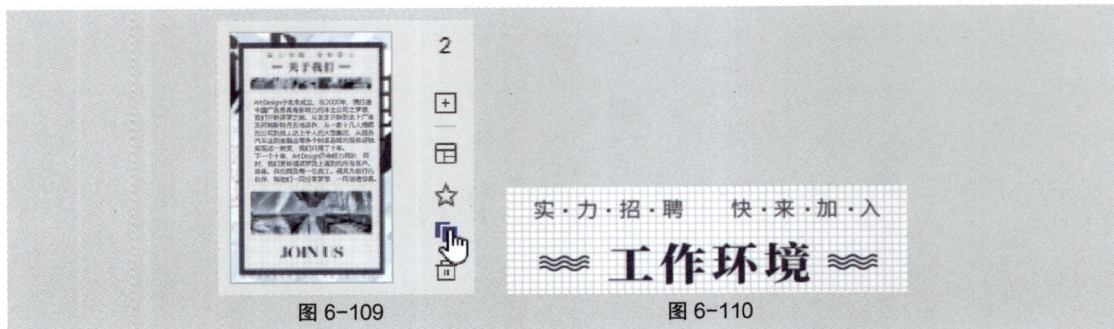

图 6-109　　　　　　　　　　图 6-110

（9）单击选择文字，在弹出的属性栏中单击"删除" 按钮，删除文字，如图 6-111 所示。用相同的方法删除下方图片，效果如图 6-112 所示。

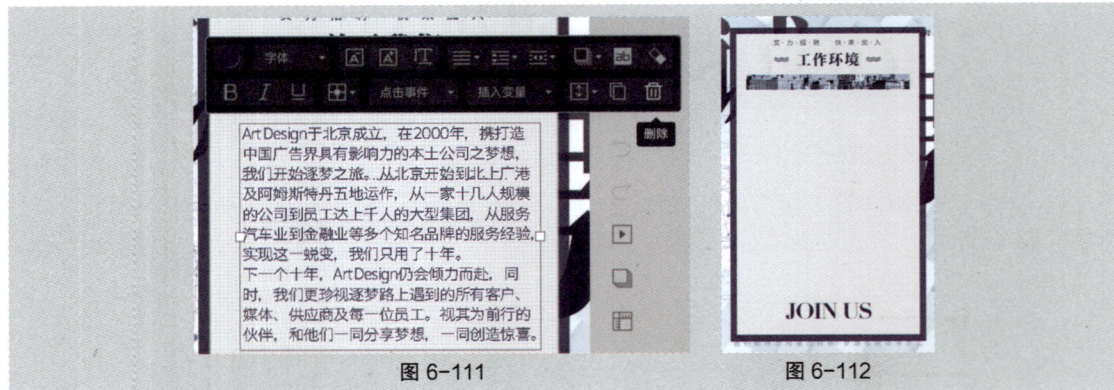

图 6-111　　　　　　　　　　图 6-112

（10）单击页面上方的"素材"选项，在弹出的对话框中单击使用"13"素材，将其拖曳到适当的位置，如图 6-113 所示。切换到"动画"面板，单击使用"向左飞入"入场动画，其他设置如图 6-114 所示。用相同的方法添加其他素材及文字，并为其添加动画，页面效果如图 6-115 所示。

（11）用上述方法制作其他页面效果。单击页面右上方的"音乐"按钮，打开"背景音乐"选项，如图 6-116 所示，单击"选择音乐"按钮在弹出的面板中选择背景音乐。单击页面右上方的"预览和设置"按钮，保存并预览效果，如图 6-117 所示。

图 6-113

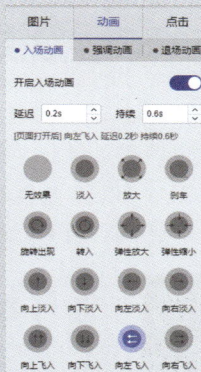
图 6-114

图 6-115

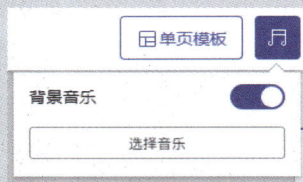
图 6-116

图 6-117

　　（12）单击"基础设置"面板中的"编辑分享样式"按钮，在弹出的面板中编辑分享样式，如图 6-118 所示。单击效果下方的"手机预览"按钮或"分享作品"按钮，扫描二维码即可分享作品。至此，文化传媒企业招聘 H5 页面的制作发布完成，扫码即可观看最终效果。

图 6-118

【练习知识要点】使用谷歌浏览器登录 iH5 官网，使用 Photoshop 制作页面的视觉效果，使用 iH5 的动效和翻页功能制作最终效果，效果如图 6-119 所示。

【效果所在位置】云盘 /Ch06/ 效果 / 车展观展邀请 H5 页面的制作。

图 6-119

微课
车展观展邀请
H5 页面的
制作 1

微课
车展观展邀请
H5 页面的
制作 2

# 6.3 课后习题——教育咨询行业培训招生 H5 页面的制作

【习题知识要点】使用谷歌浏览器登录凡科官网，使用凡科微传单制作教育咨询行业培训招生 H5 页面，使用 Photoshop 制作各个页面的视觉效果，使用凡科微传单的翻页和快闪功能制作最终效果，效果如图 6-120 所示。

【**效果所在位置**】云盘 /Ch06/ 效果 / 教育咨询行业培训招生 H5 页面的制作。

图 6-120

教育咨询行业培训招生 H5 页面的制作 1　　教育咨询行业培训招生 H5 页面的制作 2　　教育咨询行业培训招生 H5 页面的制作 3

# 07

# 第7章
# 长页滑动 H5 页面的制作

▶ **本章介绍**

长页滑动 H5 页面的本质是"一镜到底"展示信息内容，从而免去了用户翻页跳转的操作，可以提升用户浏览体验。本章从实战角度对长页滑动 H5 页面的项目策划、交互设计、视觉设计及制作发布进行系统讲解。通过本章的学习，读者可以了解长页滑动 H5 页面的设计思路，并掌握制作和发布常用长页滑动 H5 页面的方法。

## 学习目标

- 了解传统美食中式糕点介绍 H5 页面的项目策划思路。
- 熟悉传统美食中式糕点介绍 H5 页面的交互设计思路。

## 技能目标

- 掌握传统美食中式糕点介绍 H5 页面的视觉设计方法。
- 掌握传统美食中式糕点介绍 H5 页面的制作和发布方法。

## 素养目标

- 加深学生对中华优秀传统文化的热爱。

## 7.1　课堂案例——传统美食中式糕点介绍 H5 页面的制作

【案例学习目标】了解传统美食中式糕点介绍 H5 页面的项目策划及交互设计思路，掌握使用 Photoshop 制作 H5 页面视觉效果的方法，学习使用 iH5 制作页面效果，使用 iH5 的页面 > 剪切 > 使用滚动条功能制作最终效果和发布 H5 页面的方法。

【案例知识要点】使用谷歌浏览器登录 iH5 官网，使用 iH5 制作传统美食中式糕点介绍 H5 页面，使用 Photoshop 制作页面的视觉效果。使用 iH5 的页面 > 剪切 > 使用滚动条功能制作最终效果，效果如图 7-1 所示。

【效果所在位置】云盘 /Ch07/ 效果 / 传统美食中式糕点介绍 H5 页面的制作。

（a）　　　　（b）

图 7-1

### 7.1.1　项目策划

知味是一家致力于提供新鲜、美味的点心的网店，本次想借助 H5 页面推广店内热销点心，达到吸引用户关注品牌并进行消费的目的。在项目策划方面，设计师计划将 H5 的内容分为品牌介绍以及产品介绍。针对视觉，以点心图片为主，采用金色和白色，凸显点心的品质与新鲜。针对制作，主要运用长页的表现形式以提升用户浏览体验。

### 7.1.2　交互设计

通过前期基本的项目策划，设计师对 H5 页面的原型进行了梳理，并运用 Axure 进行了绘制，如图 7-2 所示。

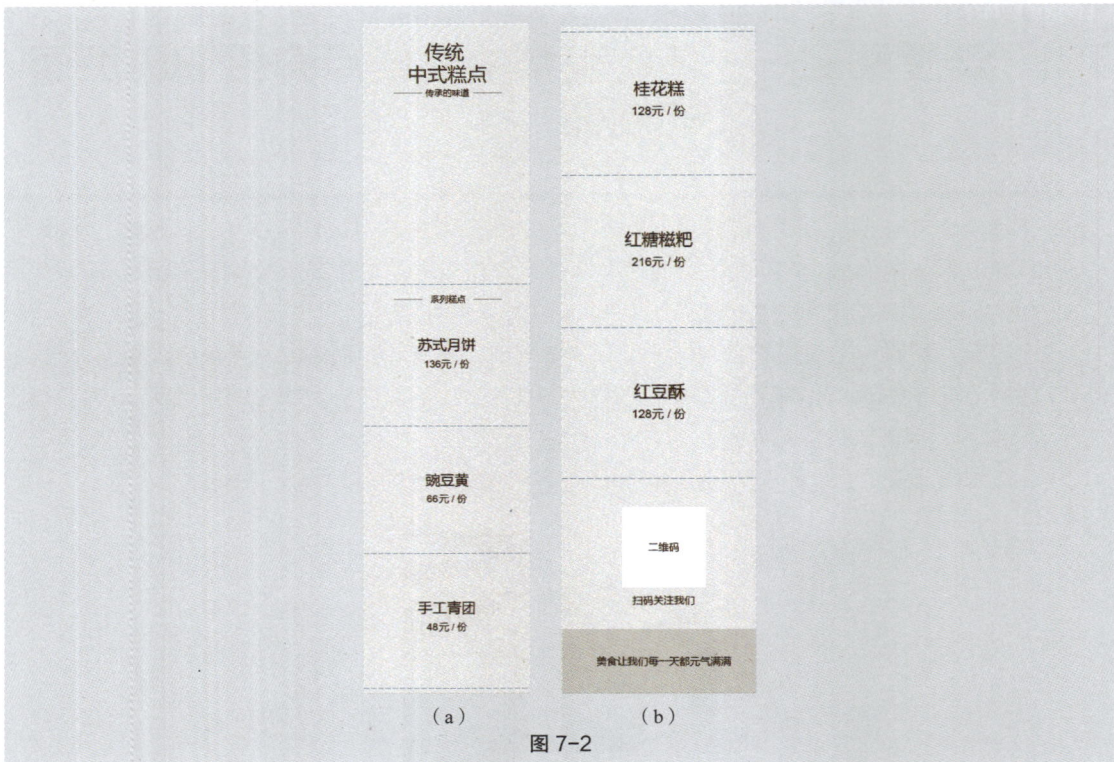

（a）　　　　　　（b）

图 7-2

## 7.1.3　视觉设计

（1）打开 Photoshop。按 "Ctrl+N" 组合键，新建一个文件，宽度为 640 像素，高度为 5244 像素，分辨率为 72 像素 / 英寸，背景内容为白色，如图 7-3 所示，单击 "创建" 按钮，完成文档新建。

（2）选择 "矩形工具" □，在图像窗口中单击，弹出 "创建矩形" 对话框，设置如图 7-4 所示，单击 "确定" 按钮，创建矩形。选择 "移动工具" ⊕，将矩形拖曳到适当的位置，效果如图 7-5 所示，在 "图层" 控制面板中生成新的形状图层 "矩形 1"。

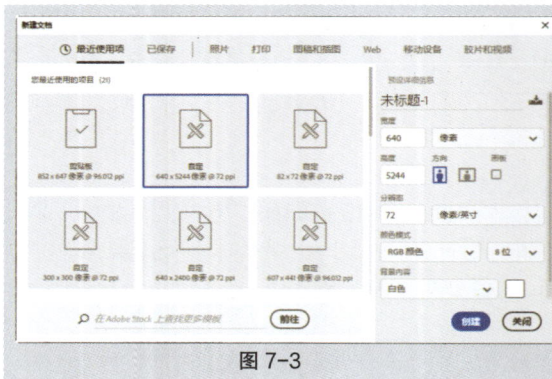

图 7-3

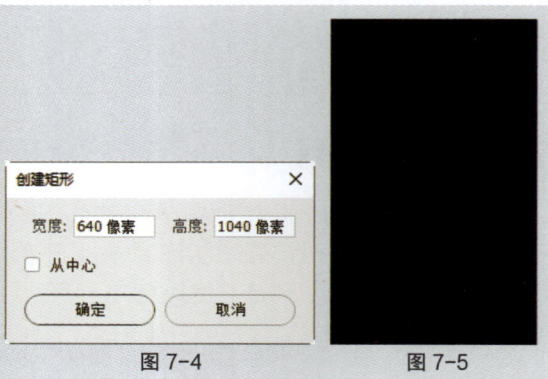

图 7-4

图 7-5

（3）选择 "文件 > 置入嵌入对象" 命令，弹出 "置入嵌入对象" 对话框。选择云盘中的 "Ch07 > 传统美食中式糕点介绍 H5 页面的制作 > 视觉设计 > 素材 > 01" 文件，单击 "置入" 按钮，将图片置入图像窗口中。将其拖曳到适当的位置并调整大小，按 "Enter" 键确定操作。按 "Alt+

Ctrl+G"组合键，为图层创建剪贴蒙版，效果如图 7-6 所示。

（4）选择"横排文字工具" T.，在适当的位置输入需要的文字并选择文字。在属性栏中选择合适的字体并设置文字大小，将文字颜色设为白色，其他设置如图 7-7 所示，效果如图 7-8 所示，在"图层"控制面板中生成新的文字图层。

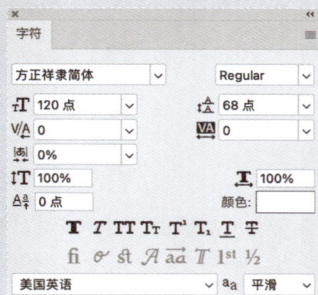

图 7-6                    图 7-7                                    图 7-8

（5）再次分别输入需要的文字并选择文字，在"字符"控制面板中进行设置，如图 7-9 所示。按"Enter"键确定操作，效果如图 7-10 所示，在"图层"控制面板中分别生成新的文字图层。

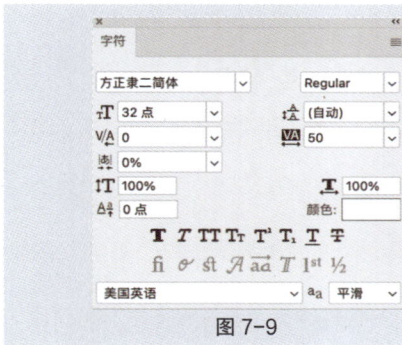

图 7-9                                    图 7-10

（6）选择"直线工具" ∕，将属性栏中的"选择工具模式"选项设为"形状"，将"填充"选项设为白色，"描边"选项设为"无颜色"，"H"选项设为"1 像素"。按住"Shift"键的同时，在图像窗口中绘制直线，效果如图 7-11 所示，在"图层"控制面板中生成新的形状图层"形状 1"。选择"路径选择工具" ▶，选取图形，按住"Alt+Shift"组合键的同时，将其水平向右拖曳到适当的位置，复制图形，效果如图 7-12 所示。按住"Shift"键的同时，单击"矩形 1"形状图层，将需要的图层同时选择。按"Ctrl+G"组合键，编组图层并将其命名为"首屏"。

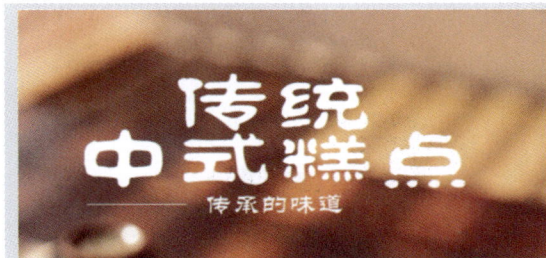

图 7-11                                    图 7-12

（7）选择"自定形状工具" 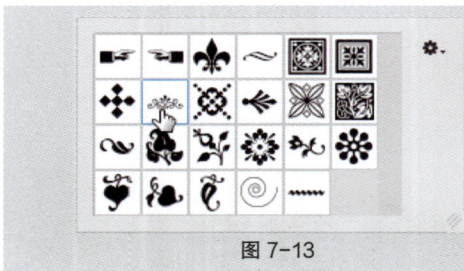，单击属性栏中的"形状"选项，弹出"形状"面板。单击面板右上方的 ✿ 按钮，在弹出的菜单中选择"装饰"命令，弹出提示对话框，单击"确定"按钮。在"形状"面板中选中图形"装饰5"，如图7-13所示，在图像窗口中绘制图形，效果如图7-14所示。

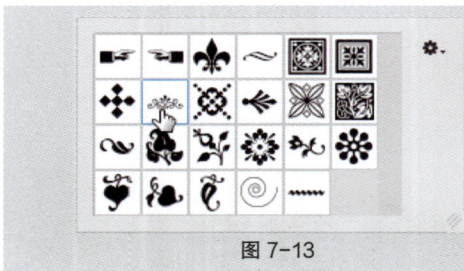
图 7-13

图 7-14

（8）选择"横排文字工具" ，在适当的位置输入需要的文字并选择文字。在属性栏中选择合适的字体并设置文字大小。按"Alt+ →"组合键，适当调整文字的字距，效果如图7-15所示，在"图层"控制面板中生成新的文字图层。

（9）选择"直线工具"，按住"Shift"键的同时，在图像窗口中绘制直线，效果如图7-16所示，在"图层"控制面板中生成新的形状图层"形状3"。选择"路径选择工具"，选取图形，按住"Alt+Shift"组合键的同时，将其水平向右拖曳到适当的位置，复制图形，效果如图7-17所示。

图 7-15

图 7-16

图 7-17

（10）选择"矩形工具"，在适当的位置绘制矩形，效果如图7-18所示，在"图层"控制面板中生成新的形状图层"矩形2"。

（11）选择"文件 > 置入嵌入对象"命令，弹出"置入嵌入对象"对话框。选择云盘中的"Ch07 > 传统美食中式糕点介绍H5页面的制作 > 视觉设计 > 素材 > 02"文件，单击"置入"按钮，将图片置入图像窗口中。将其拖曳到适当的位置并调整其大小，按"Enter"键确定操作。按"Alt+Ctrl+G"组合键，为图层创建剪贴蒙版，效果如图7-19所示。

图 7-18

图 7-19

（12）选择"横排文字工具" T.，在适当的位置输入需要的文字并选择文字。在属性栏中选择合适的字体并设置文字大小，将文字颜色设置为棕色（137,102,74）。按"Alt+ →"组合键，适当调整文字的字距，效果如图 7-20 所示，在"图层"控制面板中生成新的文字图层。用相同的方法输入其他文字，效果如图 7-21 所示。

图 7-20          图 7-21

（13）选择"直线工具" /.，按住"Shift"键的同时，在图像窗口中绘制直线，如图 7-22 所示，在"图层"控制面板中生成新的形状图层"形状 4"。

（14）选择"直排文字工具" ↓T.，在适当的位置输入需要的文字并选择文字。在属性栏中选择合适的字体并设置文字大小，效果如图 7-23 所示，在"图层"控制面板中生成新的文字图层。按住"Shift"键的同时，单击"矩形 2"图层，将需要的图层同时选择。按"Ctrl+G"组合键，编组图层并将其命名为"苏式月饼"。

图 7-22          图 7-23

（15）用相同的方法制作其他图形和文字，"图层"控制面板如图 7-24 所示。按住"Shift"键的同时，将"形状 2"图层和"红豆酥"图层及它们之间的所有图层同时选择。按"Ctrl+G"组合键，编组图层并将其命名为"系列蛋糕"，如图 7-25 所示。

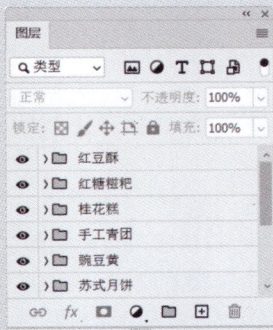 

图 7-24          图 7-25

（16）选择"移动工具" ⊕，选取二维码，将其拖曳到图像窗口中适当的位置，效果如图 7-26 所示，在"图层"控制面板中生成新的形状图层"二维码"。

（17）选择"横排文字工具" T，在适当的位置输入需要的文字并选择文字。在属性栏中选择合适的字体并设置文字大小，效果如图 7-27 所示，在"图层"控制面板中生成新的文字图层。

图 7-26　　　　　　　　　　图 7-27

（18）选择"矩形工具" ▢，在属性栏中将"填充"选项设为浅灰色（209,192,165），"描边"选项设为"无颜色"。在适当的位置绘制矩形，效果如图 7-28 所示，在"图层"控制面板中生成新的形状图层"矩形 3"。

（19）选择"横排文字工具" T，在适当的位置输入需要的文字并选择文字，在属性栏中选择合适的字体并设置文字大小。按"Alt+ →"组合键，适当调整文字的字距，效果如图 7-29 所示，在"图层"控制面板中生成新的文字图层。

图 7-28　　　　　　　　　　图 7-29

（20）选择"直线工具" ⁄，在属性栏中将"填充"选项设为棕色（137,102,74）。按住"Shift"键的同时，在图像窗口中绘制直线，效果如图 7-30 所示，在"图层"控制面板中生成新的形状图层"形状 5"。选择"路径选择工具" ▸，选取图形，按住"Alt+Shift"组合键的同时，将其水平向右拖曳到适当的位置，复制图形，效果如图 7-31 所示。

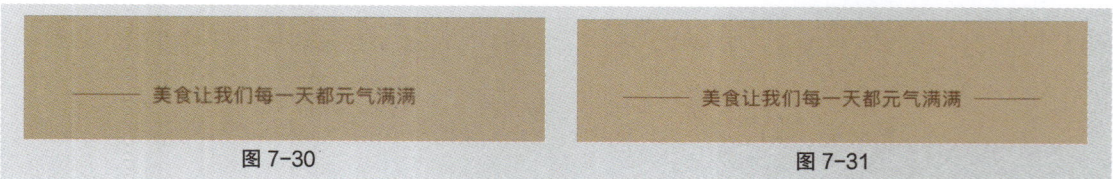

图 7-30　　　　　　　　　　图 7-31

（21）选择"自定形状工具" ⬠，在图像窗口中绘制图形，效果如图 7-32 所示，在"图层"控制面板中生成新的形状图层"形状 6"。按住"Shift"键的同时，单击"二维码"图层，将需要的图层同时选择。按"Ctrl+G"组合键，编组图层并将其命名为"信息"。

——— 美食让我们每一天都元气满满

图 7-32

（22）选择"切片工具" ，在图像窗口中拖曳鼠标绘制选区，如图 7-33 所示，效果如图 7-34 所示。用相同的方法制作其他切片效果。

图 7-33                    图 7-34

（23）选择"文件 > 导出 > 存储为 Web 所用格式"命令，弹出"存储为 Web 所用格式"对话框，选择 PNG-8 格式。单击"存储"按钮，弹出"将优化结果存储为"对话框，单击"保存"按钮，将图片保存，并分别为其重命名。

## 7.1.4　制作发布

（1）使用谷歌浏览器打开 iH5 官网，单击右侧的"注册"按钮，如图 7-35 所示，注册并登录。

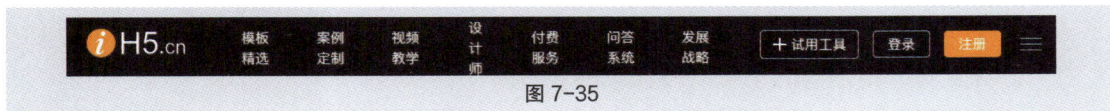

图 7-35

（2）单击右侧的"创建作品"按钮，如图 7-36 所示。在弹出的"新建作品"对话框中选择"新版工具"选项，如图 7-37 所示。单击"创建作品"按钮，在弹出的对话框中单击"关闭"按钮，进入工作页面。

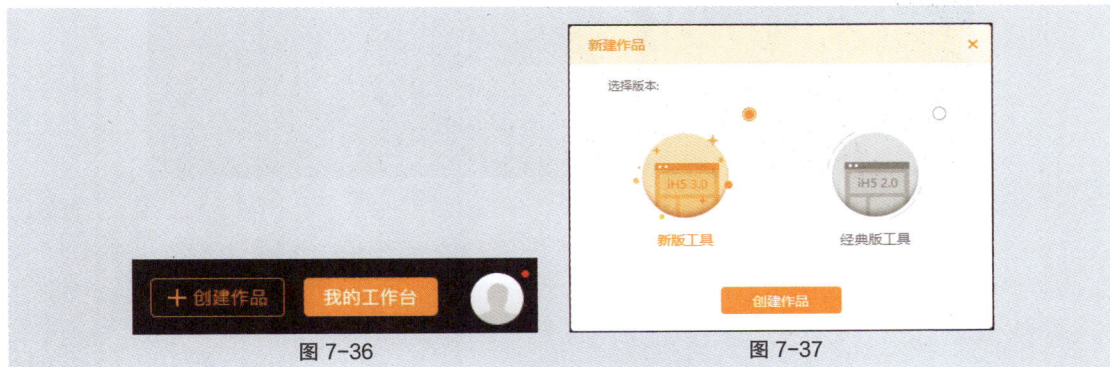

图 7-36                    图 7-37

（3）单击右侧"对象树"控制面板下方的"页面"按钮，生成新的图层"页面 1"，如图 7-38 所示。选择"页面 1"图层，选择云盘中的"Ch07 > 素材 > 传统美食中式糕点介绍 H5 页面的制作 > 制作发布 > 01~09"文件，分别将其拖曳到图像窗口中适当的位置，效果如图 7-39 所示。在"对象树"控制面板中生成新的图片图层，如图 7-40 所示。

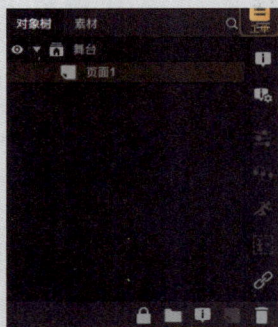

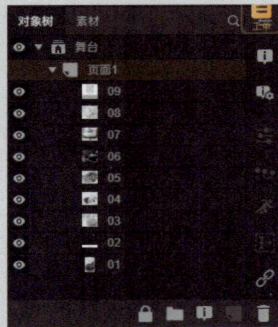

图 7-38　　　　　　　　　图 7-39　　　　　　　　　图 7-40

（4）单击"页面 1 的属性"面板中的"剪切"的下拉按钮，在弹出的下拉列表中选择"使用滚动条"选项，如图 7-41 所示。在"对象树"控制面板中选择"01"图层，在页面上方的菜单栏中选择"动效"命令，在弹出的菜单中选择"飞入（从上）"命令，如图 7-42 所示。

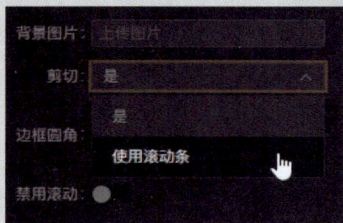
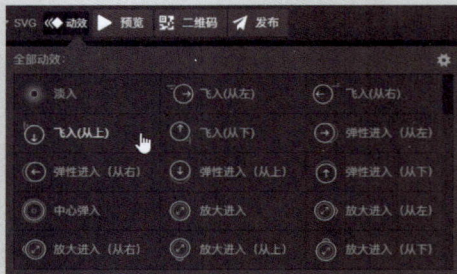

图 7-41　　　　　　　　　　　图 7-42

（5）在"对象树"控制面板中选择"02"图层，选择"动效"命令，在弹出的菜单中选择"飞入（从左）"命令，如图 7-43 所示。在"对象树"控制面板中选择"飞入（从左）"图层，在左侧"飞入（从左）的属性"面板中将"启动延时"选项设为"1s"，其他设置如图 7-44 所示。

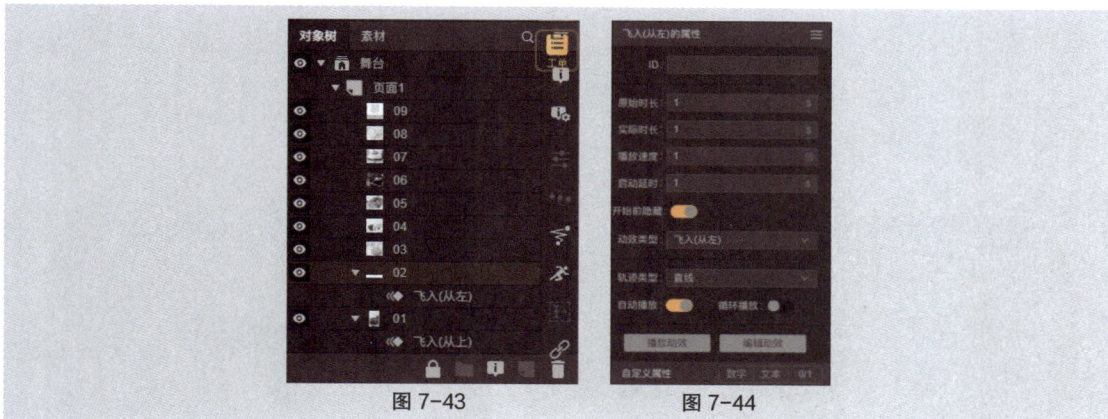

图 7-43

图 7-44

（6）在"对象树"控制面板中选择"03"图层，选择"动效"命令，在弹出的菜单中选择"飞入（从右）"命令，如图 7-45 所示。在"对象树"控制面板中选择"飞入（从右）"图层，在左侧"飞入（从右）的属性"面板中将"启动延时"选项设为"2s"，其他设置如图 7-46 所示。

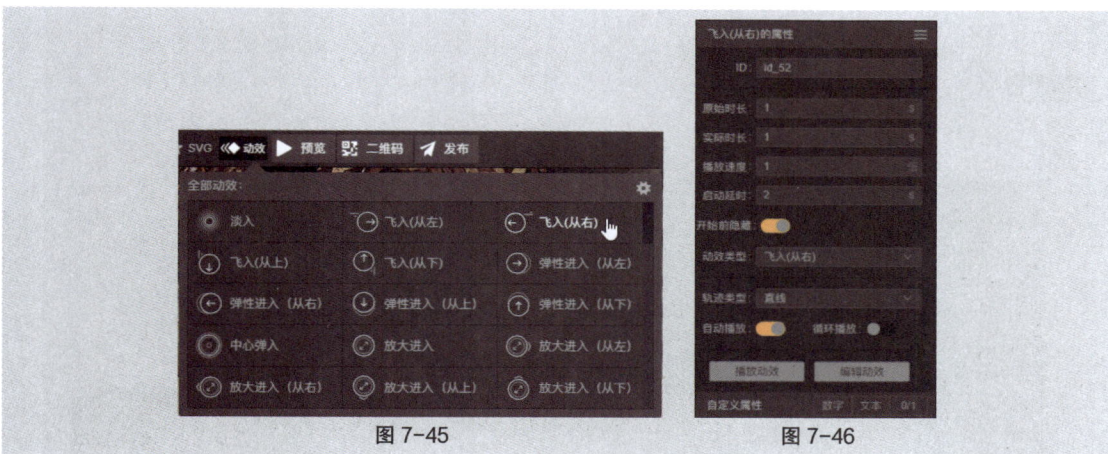

图 7-45

图 7-46

（7）用上述方法制作其他动效。在"对象树"控制面板中选择"舞台"图层，单击左侧工具栏中的"微信"按钮，在"对象树"控制面板中生成新的"微信 1"图层，如图 7-47 所示。在"对象树"控制面板中选择"微信 1"图层，在左侧"微信 1 的属性"面板中的"标题"文本框中输入"传承的味道"，在"描述"文本框中输入"一起来品尝吧！"，单击"分享截图"输入框，在弹出的面板中选取云盘中的"Ch07 > 素材 > 传统美食中式糕点介绍 H5 页面的制作 > 制作发布 > 01"文件，如图 7-48 所示。

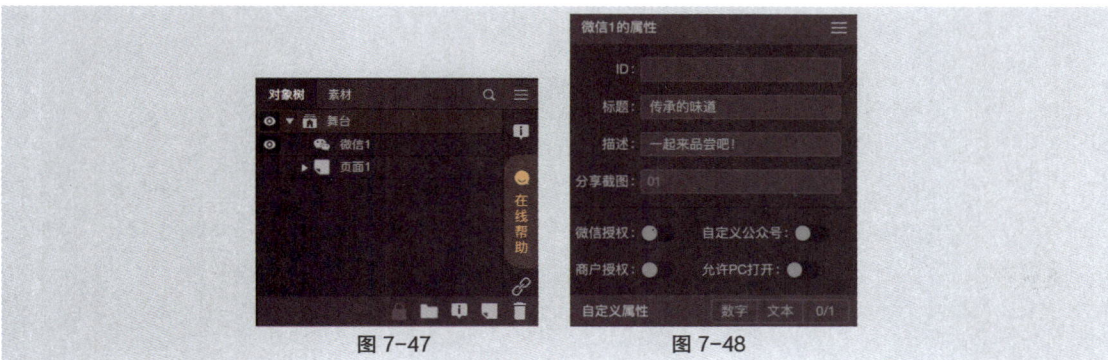

图 7-47

图 7-48

（8）在"对象树"控制面板中选择"舞台"图层，单击左侧工具栏中的"音频"按钮♫，选择云盘中的"Ch07 > 素材 > 传统美食中式糕点介绍 H5 页面的制作 > 制作发布 > 10"文件。在"对象树"控制面板中生成新的音乐图层并将其命名为"配乐"，如图 7-49 所示。在"配乐的属性"面板中进行设置，如图 7-50 所示。

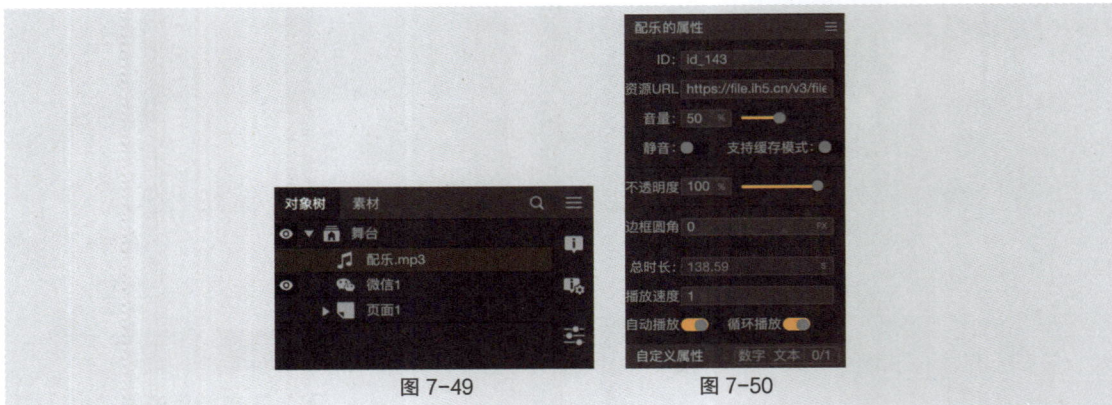

图 7-49　　　　　　　　　　图 7-50

（9）在"对象树"控制面板中选择"舞台"图层，将鼠标指针移动至页面上方的"小模块"按钮 ⬛ 小模块 上，在弹出的面板中选择"音乐控制"并挑选合适的按钮，如图 7-51 所示。在"对象树"控制面板中生成新的"音乐控制 3-1"图层，如图 7-52 所示。

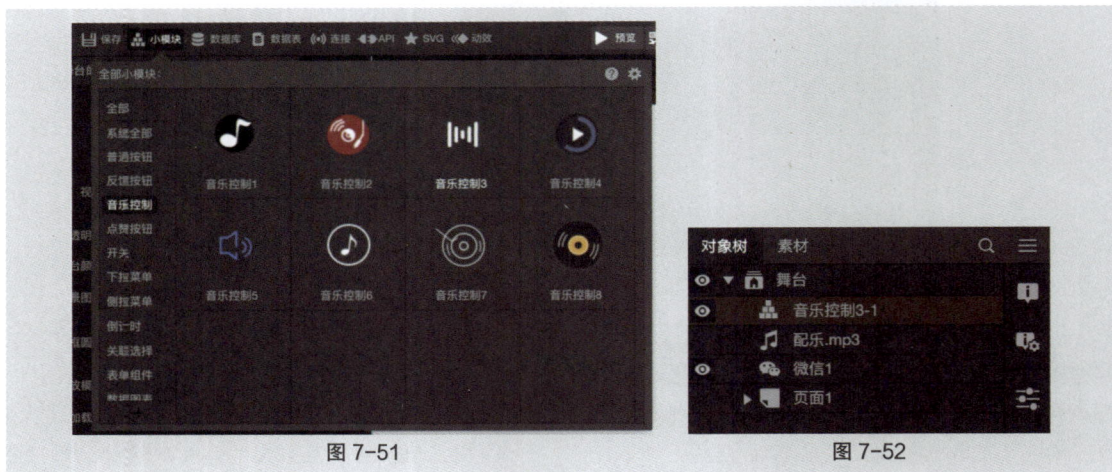

图 7-51　　　　　　　　　　图 7-52

（10）在"对象树"控制面板中选择"音乐控制 3-1"图层，单击面板右上方的"事件"按钮 ▣，添加事件，在弹出的面板中进行设置，如图 7-53 所示。

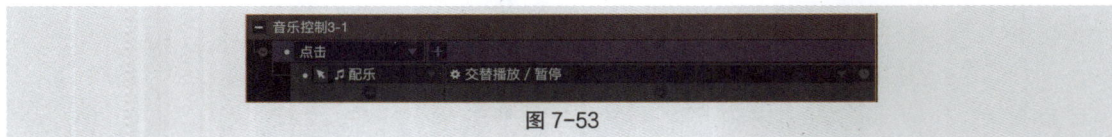

图 7-53

（11）在"对象树"控制面板中选择"页面 1"图层，将鼠标指针移动至页面上方的"小模块"按钮 ⬛ 小模块 上，在弹出的面板中选择"全部"并挑选合适的按钮，如图 7-54 所示。在"对象树"控制面板中生成新的"向上滑动 2-1"图层，如图 7-55 所示。

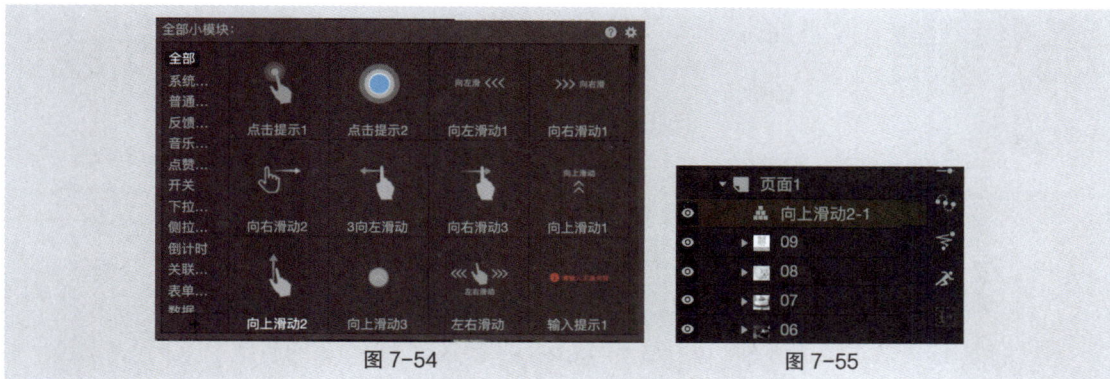

图 7-54

图 7-55

（12）单击菜单栏中的"发布"按钮，弹出提示"请先进行实名认证再发布作品"，完成实名认证后，即可成功发布作品，并生成二维码和小程序链接。

## 7.2 课堂练习——新媒体行业会议邀请 H5 页面的制作

【练习知识要点】使用谷歌浏览器登录 iH5 官网，使用 iH5 制作新媒体行业会议邀请 H5 页面，使用 Photoshop 制作页面的视觉效果，使用 iH5 的页面 > 剪切 > 使用滚动条功能、事件功能制作最终效果，效果如图 7-56 所示。

【效果所在位置】云盘 /Ch07/ 效果 / 新媒体行业会议邀请 H5 页面的制作。

图 7-56

# 7.3 课后习题——中国传统茶文化介绍 H5 页面的制作

【习题知识要点】使用谷歌浏览器登录 iH5 官网，使用 iH5 制作中国传统茶文化介绍 H5 页面，使用 Photoshop 制作页面的视觉效果，使用 iH5 的页面 > 剪切 > 使用滚动条功能制作最终效果，效果如图 7-57 所示。

【效果所在位置】云盘 /Ch07/ 效果 / 中国传统茶文化介绍 H5 页面的制作。

图 7-57

# 第 8 章

# 画中画 H5 页面的制作

▶ **本章介绍**

　　画中画 H5 页面的表现形式较普通的滑动翻页 H5 更为有趣。本章从实战角度对画中画 H5 页面的项目策划、交互设计、视觉设计及制作发布进行系统讲解。通过本章的学习，读者可以了解画中画 H5 页面的设计思路，并掌握制作和发布画中画 H5 页面的方法。

## 学习目标

- 了解互联网行业会议邀请 H5 页面的项目策划思路。
- 熟悉互联网行业会议邀请 H5 页面的交互设计思路。

## 技能目标

- 掌握互联网行业会议邀请 H5 页面的视觉设计方法。
- 掌握互联网行业会议邀请 H5 页面的制作和发布方法。

## 素养目标

- 加深学生对互联网行业的了解。
- 培养学生的商业设计思维。

# 8.1 课堂案例——互联网行业会议邀请 H5 页面的制作

【案例学习目标】了解互联网行业会议邀请 H5 页面的项目策划及交互设计思路，掌握使用 Photoshop 制作 H5 页面视觉效果的方法，学习使用凡科微传单制作和发布 H5 页面的方法。

【案例知识要点】使用谷歌浏览器登录凡科官网，使用凡科微传单制作互联网行业会议邀请 H5 页面，使用 Photoshop 制作首页、会议简介、会议嘉宾、会议安排等页面的视觉效果，使用凡科微传单的画中画功能制作 H5 页面动画，效果如图 8-1 所示。

【效果所在位置】云盘 /Ch08/ 效果 / 互联网行业会议邀请 H5 页面的制作。

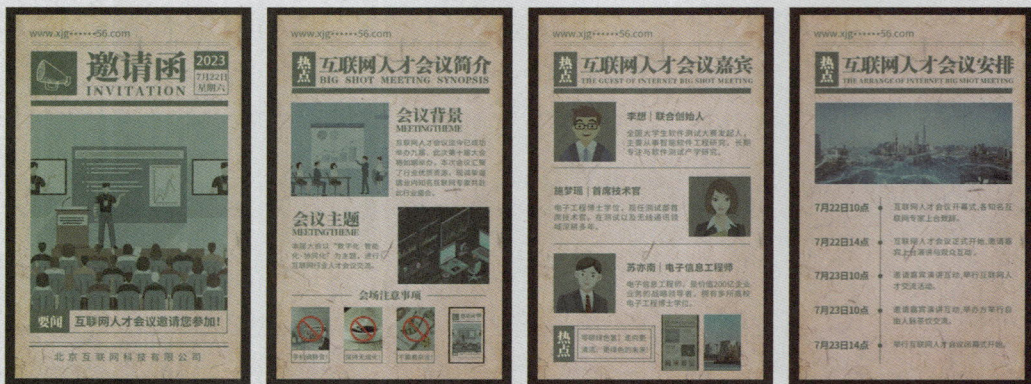

图 8-1

## 8.1.1　项目策划

互联网行业会议召开在即，主办方需要制作一款 H5 邀请函，通过网络让更多互联网人士参会。在项目策划方面，设计师计划将内容分为首页、会议简介、会议嘉宾以及会议安排。针对视觉，采用蓝色字报的形式彰显科技与信息。针对制作，主要运用画中画的表现形式体现趣味性。

## 8.1.2　交互设计

通过前期基本的项目策划，设计师对 H5 页面的原型进行了梳理，并运用 Axure 进行了绘制，如图 8-2 所示。

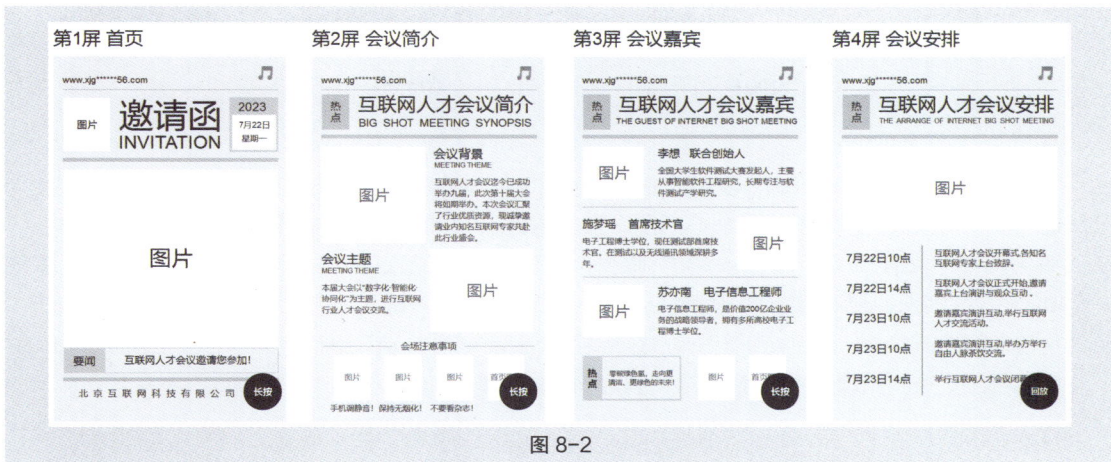

| 第1屏 首页 | 第2屏 会议简介 | 第3屏 会议嘉宾 | 第4屏 会议安排 |

图 8-2

## 8.1.3 视觉设计

### 1. 首页

（1）打开 Photoshop。按"Ctrl+N"组合键，新建一个文件，宽度为 750 像素，高度为 1206 像素，分辨率为 72 像素 / 英寸，背景内容为云杉绿（41,48,36）。单击"创建"按钮，完成文档新建，效果如图 8-3 所示。

（2）选择"文件 > 置入嵌入对象"命令，弹出"置入嵌入对象"对话框。选择云盘中的"Ch08 > 互联网行业会议邀请 H5 页面的制作 > 视觉设计 > 素材 > 01"文件，单击"置入"按钮，将图片置入图像窗口中。将其拖曳到适当的位置并调整大小，按"Enter"键确定操作，效果如图 8-4 所示，在"图层"控制面板生成新图层并将其命名为"底图"。

（3）选择"横排文字工具" <kbd>T.</kbd>，在适当的位置输入需要的文字并选择文字。在属性栏中选择合适的字体并设置文字大小，将文字颜色设为苍绿色（88,114,89）。选择需要的文字，在"字符"控制面板中设置基线偏移，如图 8-5 所示，效果如图 8-6 所示，在"图层"控制面板中生成新的文字图层。

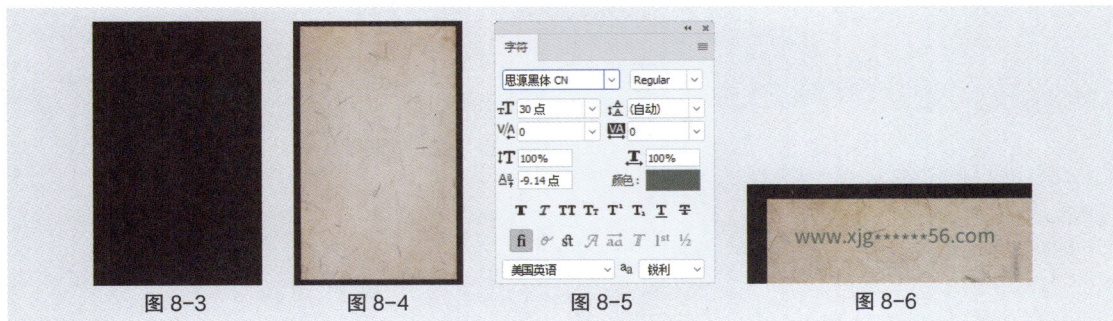

图 8-3     图 8-4     图 8-5     图 8-6

（4）选择"直线工具" <kbd>/.</kbd>，将属性栏中的"选择工具模式"选项设为"形状"，"填充"选项设为"无颜色"，"描边"选项设为苍绿色（88,114,89），"粗细"选项设为"2 像素"。按住"Shift"键的同时，在图像窗口中绘制直线，效果如图 8-7 所示，在"图层"控制面板中生成新的形状图层"形状 1"。

（5）选择"路径选择工具" <kbd>▶.</kbd>，按住"Alt+Shift"组合键的同时，垂直向下拖曳图形到适当的位置，复制图形，效果如图 8-8 所示。

图 8-7

图 8-8

（6）选择"矩形工具" ⬚ ，在图像窗口中拖曳鼠标绘制矩形，在属性栏中将"填充"选项设为苍绿色（88，114，89），效果如图 8-9 所示，在"图层"控制面板中生成新的形状图层"矩形 1"。

（7）选择"文件 > 置入嵌入对象"命令，弹出"置入嵌入的对象"对话框。选择云盘中的"Ch08 > 互联网行业会议邀请 H5 页面的制作 > 视觉设计 > 素材 > 02"文件，单击"置入"按钮，将图片置入图像窗口中。拖曳到适当的位置并调整大小，按"Enter"键确定操作，效果如图 8-10 所示，在"图层"控制面板中生成新图层并将其命名为"喇叭"。

图 8-9

图 8-10

（8）选择"矩形工具" ⬚ ，在图像窗口中绘制矩形，效果如图 8-11 所示，在"图层"控制面板中生成新的形状图层"矩形 2"。选择"横排文字工具" T ，在适当的位置输入需要的文字并选择文字，在属性栏中选择合适的字体及文字大小，将文字颜色设为浅肤色（237，221，186），效果如图 8-12 所示，在"图层"控制面板中生成新的文字图层。

（9）选择"矩形工具" ⬚ ，在属性栏中将"填充"选项设为"无颜色"，"描边"选项设为苍绿色（88，114，89），"描边宽度"选项设为"2 像素"，在图像窗口中绘制矩形，效果如图 8-13 所示，在"图层"控制面板中生成新的形状图层"矩形 3"。

图 8-11

图 8-12

图 8-13

（10）选择"横排文字工具" T ，在图像窗口中分别输入需要的文字并选择文字。在属性栏中选择合适的字体及文字大小，将文字颜色设为苍绿色（88，114，89），效果如图 8-14 所示，在"图层"控制面板中分别生成新的文字图层。选择"INVITATION"文字图层，按"Alt+ →"组合键，调整文字适当的间距，效果如图 8-15 所示。

（11）选择"矩形工具" ⬚ ，在属性栏中将"填充"选项设为苍绿色（88，114，89），"描边"选项设为"无颜色"，在图像窗口中绘制矩形，效果如图 8-16 所示，在"图层"控制面板中生成新的形状图层"矩形 4"。

图 8-14

图 8-15

图 8-16

（12）选择"矩形工具" □ ，在图像窗口中绘制矩形，效果如图 8-17 所示，在"图层"控制面板中生成新的形状图层"矩形 5"。选择"文件 > 置入嵌入对象"命令，弹出"置入嵌入对象"对话框。选择云盘中的"Ch08 > 互联网行业会议邀请 H5 页面的制作 > 视觉设计 > 素材 > 03"文件，单击"置入"按钮，将图片置入图像窗口中。将其拖曳到适当的位置并调整大小，按"Enter"键确定操作，效果如图 8-18 所示，在"图层"控制面板中生成新图层并将其命名为"图 1"。

图 8-17

图 8-18

（13）按"Alt+Ctrl+G"组合键，为"图 1"图层创建剪贴蒙版，效果如图 8-19 所示。在"图层"控制面板上方，将该图层的混合模式设为"柔光"，如图 8-20 所示，效果如图 8-21 所示。

图 8-19

图 8-20

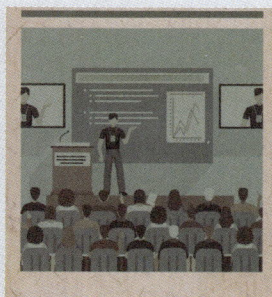
图 8-21

（14）选择"矩形工具" □ ，在图像窗口中绘制矩形，效果如图 8-22 所示，在"图层"控制面板中生成新的形状图层"矩形 6"。选择"横排文字工具" T ，在适当的位置输入需要的文字并选择文字。在属性栏中选择合适的字体及文字大小，将文字颜色设为浅肤色（237,221,186），效果如图 8-23 所示，在"图层"控制面板中生成新的文字图层。

图 8-22

图 8-23

（15）选择"矩形工具" ▢ ，在属性栏中将"填充"选项设为"无颜色"，"描边"选项设为苍绿色（88,114,89），"描边宽度"选项设为"2 像素"，在图像窗口中绘制矩形，效果如图 8-24 所示，在"图层"控制面板中生成新的形状图层"矩形 7"。

图 8-24

（16）选择"横排文字工具" T. ，在适当的位置输入需要的文字并选择文字。在属性栏中选择合适的字体并设置文字大小，将文字颜色设为苍绿色（88,114,89），效果如图 8-25 所示，在"图层"控制面板中生成新的文字图层。

图 8-25

（17）选择"直线工具" ✎ ，按住"Shift"键的同时，在图像窗口中绘制直线，效果如图 8-26 所示，在"图层"控制面板中生成新的形状图层"形状 2"。在属性栏中将"粗细"选项设为"4 像素"，按住"Shift"键的同时，在图像窗口中绘制直线，效果如图 8-27 所示，在"图层"控制面板中生成新的形状图层"形状 3"。

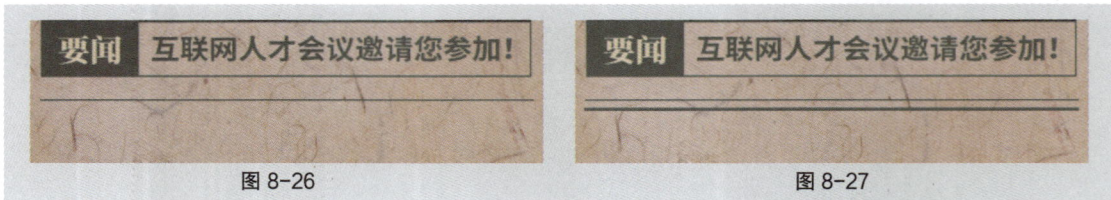

图 8-26

图 8-27

（18）选择"横排文字工具" T. ，在适当的位置输入需要的文字并选择文字，在属性栏中选择合适的字体并设置文字大小。按"Alt+ →"组合键，调整文字适当的间距，效果如图 8-28 所示，在"图层"控制面板中生成新的文字图层。

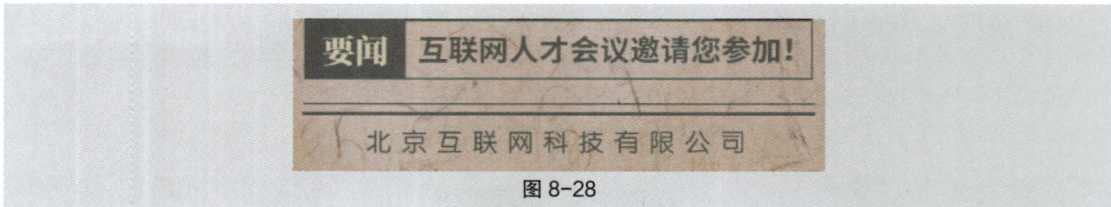

图 8-28

（19）在"图层"控制面板中，按住"Shift"键的同时，将"底图"图层和"北京互联网……"文字图层及它们之间的所有图层同时选择。按"Ctrl+G"组合键，编组图层并将其命名为"首页"，如图 8-29 所示，效果如图 8-30 所示。

图 8-29

图 8-30

### 2. 会议简介

（1）在"图层"控制面板中，按"Ctrl+J"组合键，复制"首页"图层组，生成新图层组并将其命名为"会议简介"。单击"首页"图层组左侧的眼睛图标 👁，将其隐藏，如图 8-31 所示。单击展开"会议简介"图层组，按住"Shift"键的同时，将"矩形 1"图层和"北京互联网……"文字图层及它们之间的所有图层同时选择。按"Delete"键删除图层，效果如图 8-32 所示。

图 8-31

图 8-32

（2）选择"矩形工具" ▭，在图像窗口中拖曳鼠标绘制矩形，在属性栏中将"填充"选项设为苍绿色（88,114,89），"描边"选项设为"无颜色"，效果如图 8-33 所示，在"图层"控制面板中生成新的形状图层"矩形 8"。

（3）选择"直排文字工具" ⏐T，在适当的位置输入需要的文字并选择文字。在属性栏中选择合适的字体并设置文字大小，将文字颜色设为浅肤色（237,221,186），效果如图 8-34 所示，在"图层"控制面板中生成新的文字图层。

图 8-33

图 8-34

（4）选择"横排文字工具" T，在图像窗口中分别输入需要的文字并选择文字，在属性栏中分别选择合适的字体并设置文字大小，效果如图 8-35 所示，在"图层"控制面板中分别生成新的文字图层。选择"互联网人才……"文字图层，按"Alt+←"组合键，适当调整文字的间距，效果如图 8-36 所示。选择"BIG SHOT……"文字图层，按"Alt+→"组合键，适当调整文字的间距，效果如图 8-37 所示。

（5）选择"矩形工具" ▢，在图像窗口中绘制矩形，效果如图 8-38 所示，在"图层"控制面板中生成新的形状图层"矩形 9"。在"图层"控制面板中，按住"Shift"键的同时，将"矩形 8"图层和"矩形 9"图层及它们之间的所有图层同时选择。按"Ctrl+G"组合键，编组图层并将其命名为"标题"。

图 8-35

图 8-36

图 8-37

图 8-38

（6）选择"矩形工具" ▢，在图像窗口中绘制矩形，效果如图 8-39 所示，在"图层"控制面板中生成新的形状图层"矩形 10"。选择"文件 > 置入嵌入对象"命令，弹出"置入嵌入对象"对话框。选择云盘中的"Ch08 > 互联网行业会议邀请 H5 页面的制作 > 视觉设计 > 素材 > 05"文件，单击"置入"按钮，将图片置入图像窗口中。将其拖曳到适当的位置并调整大小，按"Enter"键确定操作，效果如图 8-40 所示，在"图层"控制面板中生成新的图层并将其命名为"图 3"。

（7）按"Alt+Ctrl+G"组合键，为"图 3"图层创建剪贴蒙版，效果如图 8-41 所示。在"图层"控制面板上方，将该图层的混合模式设为"强光"，效果如图 8-42 所示。

图 8-39

图 8-40

图 8-41

图 8-42

（8）选择"横排文字工具" T，在图像窗口中分别输入需要的文字并选择文字，在属性栏中分别选择合适的字体并设置文字大小，效果如图 8-43 所示，在"图层"控制面板中分别生成新的文字图层。选择"MEETING……"文字图层，按"Alt+←"组合键，适当调整文字的间距，效果如图 8-44 所示。

图 8-43　　　　　　　　　图 8-44

（9）选择"横排文字工具" **T.**，在属性栏中选择合适的字体并设置文字大小，在图像窗口中绘制一个文本框，如图 8-45 所示。在文本框中输入需要的文字，效果如图 8-46 所示，在"图层"控制面板中生成新的文字图层。按住"Shift"键的同时，将"矩形 10"图层和"本届大会以……"文字图层及它们之间的所有图层同时选择。按"Ctrl+G"组合键，编组图层并将其命名为"会议背景"。用相同的方法置入图片并输入文字，效果如图 8-47 所示。

图 8-45　　　　　　图 8-46　　　　　　　　图 8-47

（10）选择"直线工具" **/.**，在属性栏中将"粗细"选项设为"2 像素"，按住"Shift"键的同时，在图像窗口中绘制直线，效果如图 8-48 所示，在"图层"控制面板中生成新的形状图层"形状 4"。

图 8-48

（11）选择"路径选择工具" **▶.**，按住"Alt+Shift"组合键的同时，水平向右拖曳图形到适当的位置，复制图形，效果如图 8-49 所示。

图 8-49

（12）选择"横排文字工具" **T.**，在适当的位置输入需要的文字并选择文字，在属性栏中选择合适的字体并设置文字大小，效果如图 8-50 所示，在"图层"控制面板中生成新的文字图层。

图 8-50

（13）选择"矩形工具" ▢，在图像窗口中绘制矩形，效果如图 8-51 所示，在"图层"控制面板中生成新的形状图层"矩形 11"。选择"文件 > 置入嵌入对象"命令，弹出"置入嵌入对象"对话框。选择云盘中的"Ch08 > 互联网行业会议邀请 H5 页面的制作 > 视觉设计 > 素材 > 06"文件，单击"置入"按钮，将图片置入图像窗口中。将其拖曳到适当的位置并调整大小，按"Enter"键确定操作，效果如图 8-52 所示，在"图层"控制面板中生成新图层并将其命名为"图 5"。

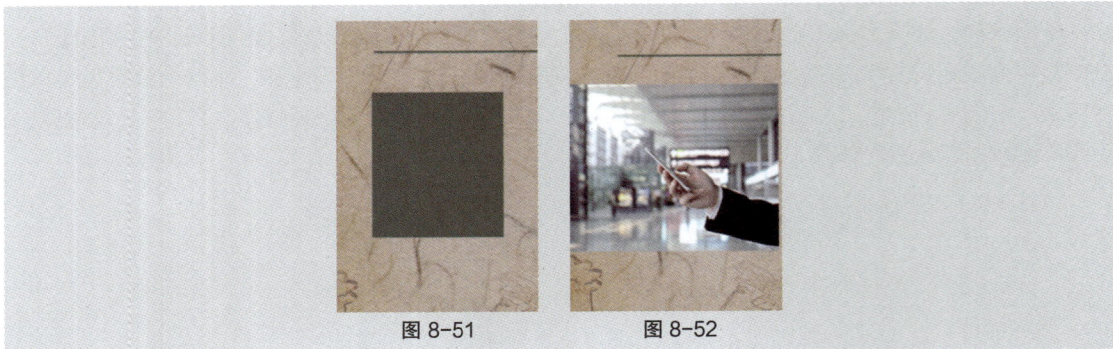

图 8-51                图 8-52

（14）按"Alt+Ctrl+G"组合键，为"图 5"图层创建剪贴蒙版，效果如图 8-53 所示。在"图层"控制面板上方，将"图 5"图层的混合模式设为"柔光"，效果如图 8-54 所示。

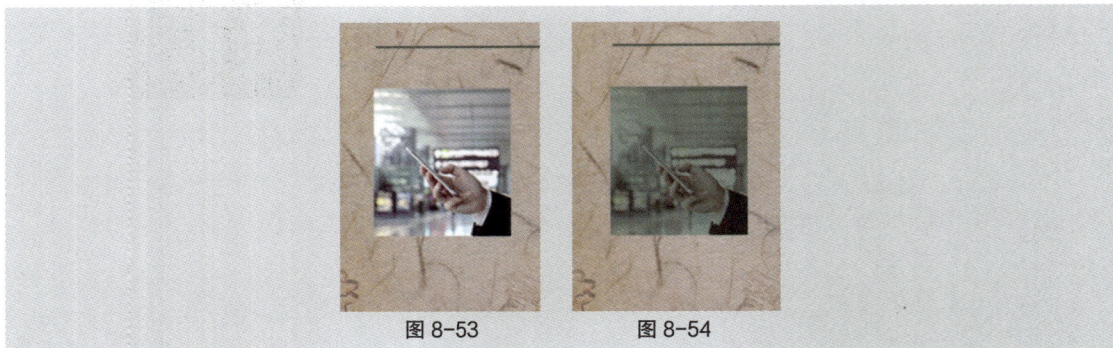

图 8-53                图 8-54

（15）选择"文件 > 置入嵌入对象"命令，弹出"置入嵌入对象"对话框。选择云盘中的"Ch08 > 互联网行业会议邀请 H5 页面的制作 > 视觉设计 > 素材 > 09"文件，单击"置入"按钮，将图片置入图像窗口中。将其拖曳到适当的位置并调整大小，按"Enter"键确定操作，效果如图 8-55 所示，在"图层"控制面板中生成新图层并将其命名为"禁止符号"。

（16）选择"矩形工具" ▢，在属性栏中将"填充"选项设为"无颜色"，"描边"选项设为苍绿色（88,114,89），"描边宽度"选项设为"2 像素"，在图像窗口中绘制矩形，效果如图 8-56 所示，在"图层"控制面板中生成新的形状图层"矩形 12"。

（17）选择"横排文字工具" T，在图像窗口中输入需要的文字并选择文字。在属性栏中选择合适的字体并设置文字大小，效果如图 8-57 所示，在"图层"控制面板中生成新的文字图层。按住"Shift"键的同时，将"矩形 11"图层和"手机调静音！"文字图层及它们之间的所有图层同时选择。按"Ctrl+G"组合键，编组图层并将其命名为"静音"。

（18）用相同的方法置入图片并输入文字，效果如图 8-58 所示。选择"矩形工具" ▢，在属性栏中将"填充"选项设为苍绿色（41,48,36），"描边"选项设为"无颜色"，在图像窗口中绘制矩形，效果如图 8-59 所示。

图 8-55　　　　　　　　　　图 8-56　　　　　　　　　　图 8-57

（19）在"图层"控制面板中，选择"首页"图层组，按"Ctrl+J"组合键，复制"首页"图层组，生成新图层组"首页 拷贝"。单击"首页"图层组左侧的眼睛图标，将其显示。按"Ctrl+E"组合键，合并图层组并将其命名为"缩略图"，将其拖曳到"杂志"图层组上方，调整其大小和位置，效果如图 8-60 所示。

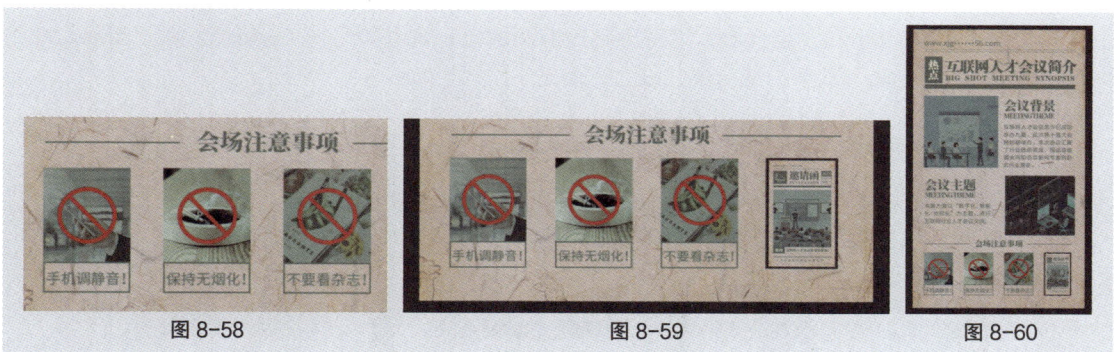

图 8-58　　　　　　　　　　　　　图 8-59　　　　　　　　　　　　图 8-60

### 3. 会议嘉宾

（1）在"图层"控制面板中，按"Ctrl+J"组合键，复制"会议简介"图层组，生成新图层组并将其命名为"会议嘉宾"。单击"会议简介"图层组左侧的眼睛图标 👁，将其隐藏，如图 8-61 所示。单击展开"会议嘉宾"图层组，按住"Shift"键的同时，将"缩略图"图层组和"会议背景"图层组及它们之间的所有图层同时选择，按"Delete"键删除图层，效果如图 8-62 所示。

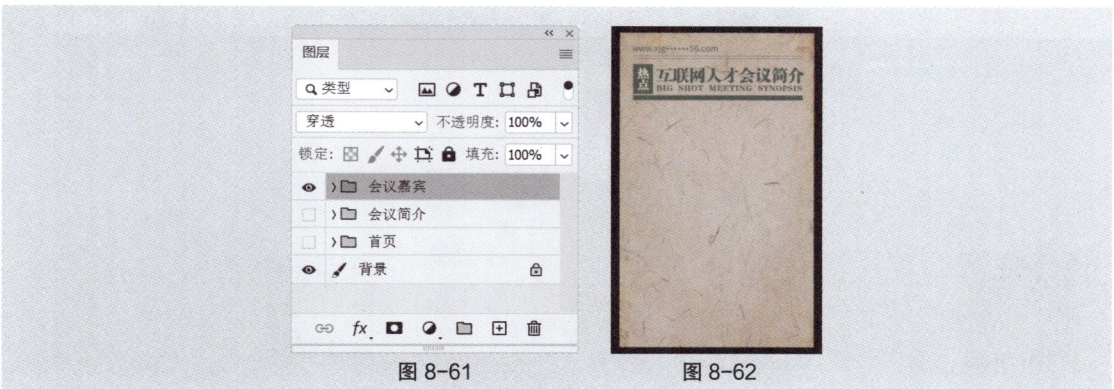

图 8-61　　　　　　　　　　图 8-62

（2）选择"横排文字工具" T ，分别选择文字"互联网人才……"和"BIG SHOT……"，修改为需要的文字，效果如图 8-63 所示。选择"矩形工具" ⬜ ，在属性栏中将"填充"选项设为苍绿色（88，114，89），"描边"选项设为"无颜色"，在图像窗口中绘制矩形，效果如图 8-64 所示，在"图层"控制面板中生成新的形状图层"矩形 14"。

图 8-63                    图 8-64

（3）选择"文件 > 置入嵌入对象"命令，弹出"置入嵌入对象"对话框。选择云盘中的"Ch08 > 互联网行业会议邀请 H5 页面的制作 > 视觉设计 > 素材 > 09"文件，单击"置入"按钮，将图片置入图像窗口中。将其拖曳到适当的位置并调整大小，按"Enter"键确定操作，效果如图 8-65 所示，在"图层"控制面板中生成新图层并将其命名为"人物 1"。

（4）按"Alt+Ctrl+G"组合键，为图层创建剪贴蒙版，效果如图 8-66 所示。在"图层"控制面板上方，将"人物 1"图层的混合模式设为"柔光"，效果如图 8-67 所示。

图 8-65                    图 8-66                    图 8-67

（5）选择"横排文字工具" T ，在图像窗口中分别输入需要的文字并选择文字，在属性栏中选择合适的字体并设置文字大小，如图 8-68 所示，在"图层"控制面板中分别生成新的文字图层。选择"全国大学生……"文字图层，在"字符"控制面板中进行设置，如图 8-69 所示，效果如图 8-70 所示。

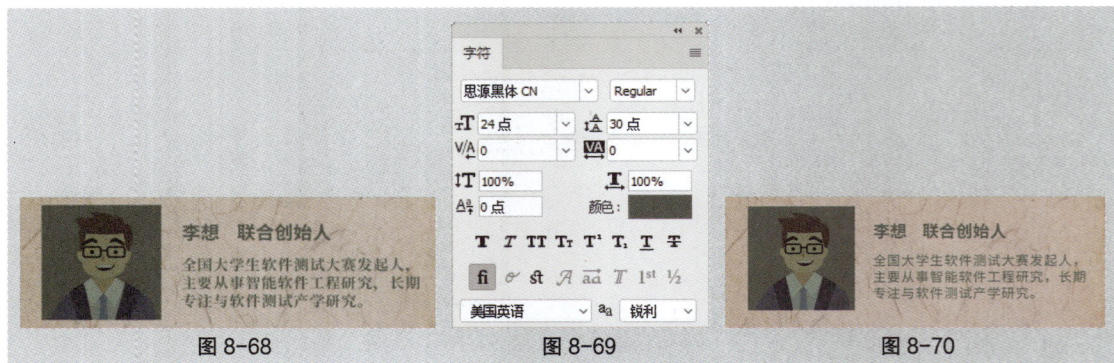

图 8-68                    图 8-69                    图 8-70

（6）选择"直线工具" ✏️，在属性栏中将"填充"选项设为苍绿色（88,114,89），"描边"选项设为"无颜色"，将"粗细"选项设为"2像素"。按住"Shift"键的同时，在图像窗口中绘制直线，效果如图8-71所示，在"图层"控制面板中生成新的形状图层"形状5"。

（7）用相同的方法在适当的位置绘制直线，效果如图8-72所示，在"图层"控制面板中生成新的形状图层"形状6"。在"图层"控制面板中，按住"Shift"键的同时，将"形状6"图层和"矩形14"图层及它们之间的所有图层同时选择。按"Ctrl+G"组合键，编组图层并将其命名为"李想"，如图8-73所示。

图8-71　　　　　　图8-72　　　　　　图8-73

（8）用相同的方法置入图片并输入文字，效果如图8-74所示。选择"矩形工具" ▭，在图像窗口中绘制矩形，效果如图8-75所示，在"图层"控制面板中生成新的形状图层"矩形15"。

（9）选择"直排文字工具" ❙T❙，在适当的位置输入需要的文字并选择文字。在属性栏中选择合适的字体并设置文字大小，将文字颜色设为浅肤色（237,221,186），效果如图8-76所示，在"图层"控制面板中生成新的文字图层。

（10）选择"矩形工具" ▭，在属性栏中将"填充"选项设为"无颜色"，"描边"选项设为苍绿色（88,114,89），"描边粗细"选项设为"2像素"。在图像窗口中绘制矩形，效果如图8-77所示，在"图层"控制面板中生成新的形状图层"矩形16"。

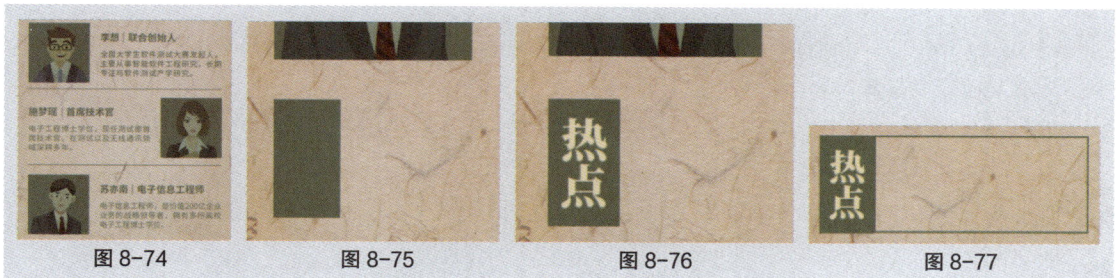

图8-74　　　　　　图8-75　　　　　　图8-76　　　　　　图8-77

（11）按"Ctrl+J"组合键，复制"矩形16"图层，在"图层"控制面板中生成新的图层"矩形16 拷贝"。按"Ctrl+T"组合键，在图像周围出现变换框，按住"Alt"键的同时，拖曳右下角的控制手柄缩小图片，按"Enter"键确定操作，效果如图8-78所示。

（12）选择"横排文字工具" ❚T❚，在图像窗口中输入需要的文字并选择文字。在属性栏中选择合适的字体并设置文字大小，如图8-79所示。将文字颜色设为苍绿色（88,114,89），效果如图8-80所示，在"图层"控制面板中生成新的文字图层。

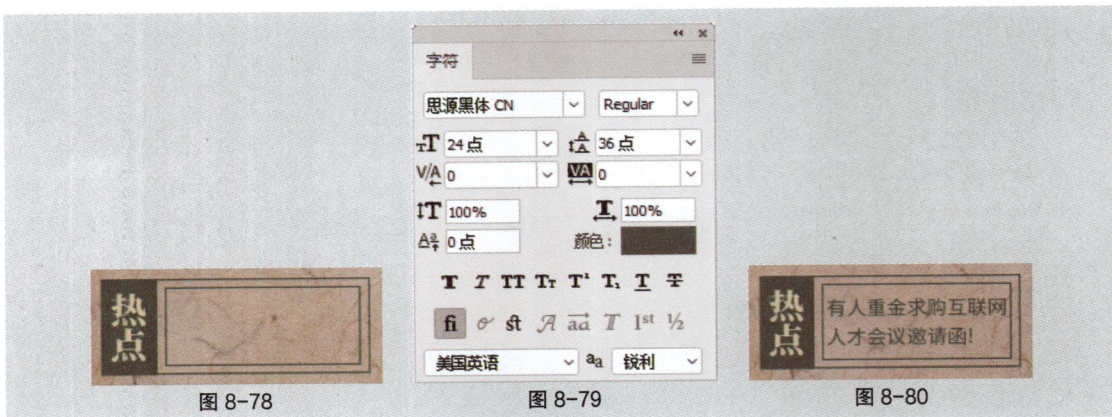

图 8-78　　　　　　　　　　图 8-79　　　　　　　　　　图 8-80

（13）选择"矩形工具" ▢.，在属性栏中将"填充"选项设为苍绿色（88,114,89），"描边"选项设为"无颜色"。在图像窗口中绘制矩形，效果如图 8-81 所示，在"图层"控制面板中生成新的形状图层"矩形 17"。

图 8-81

（14）选择"移动工具" ✛.，在"图层"控制面板中，选择"会议简介"图层组，按"Ctrl+J"组合键，复制"会议简介"图层组，单击"会议简介 拷贝"图层组左侧的眼睛图标 ◉，将其显示，按"Ctrl+E"组合键，合并图层组。将"会议简介 拷贝"图层拖曳到适当的位置并调整大小，并将其拖曳到"矩形 17"形状图层上方。

（15）按"Alt+Ctrl+G"组合键，为"会议简介 拷贝"图层创建剪贴蒙版，效果如图 8-82 所示。在"图层"控制面板上方，将"会议简介 拷贝"图层的混合模式设为"柔光"，效果如图 8-83 所示。

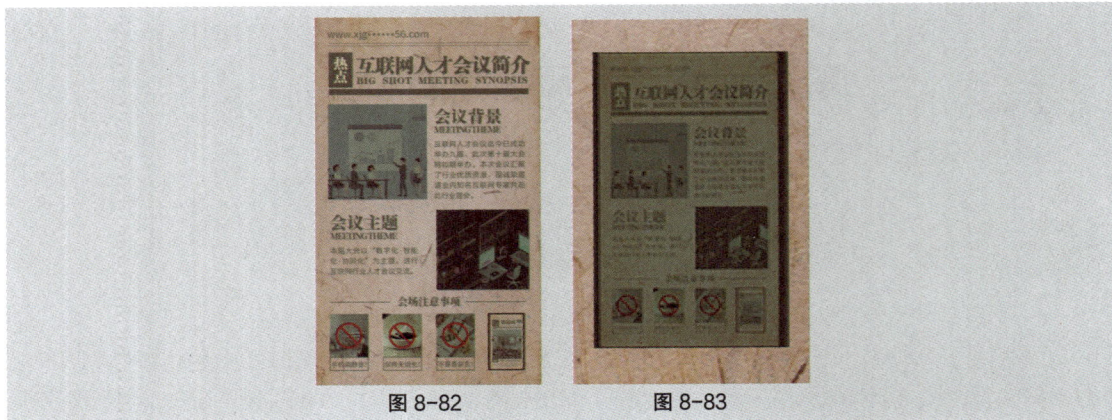

图 8-82　　　　　　　　　　图 8-83

（16）用相同的方法制作其他图片，效果如图 8-84 所示。在"图层"控制面板中，按住"Shift"键的同时，将"矩形 15"图层和"城市"图层及它们之间的所有图层同时选择，按"Ctrl+G"组合键，编组图层并将其命名为"热点"，如图 8-85 所示。

H5 页面设计与制作（全彩慕课版）（第 2 版）

图 8-84

图 8-85

### 4. 会议安排

（1）在"图层"控制面板中，按"Ctrl+J"组合键，复制"会议嘉宾"图层组，生成新图层组并将其命名为"会议安排"。单击"会议嘉宾"图层组左侧的眼睛图标 ⊙，将其隐藏，如图 8-86 所示。单击展开"会议安排"图层组，按住"Shift"键的同时，将"热点"图层组和"唐伯特"图层组及它们之间的所有图层同时选择，按"Delete"键删除图层，效果如图 8-87 所示。

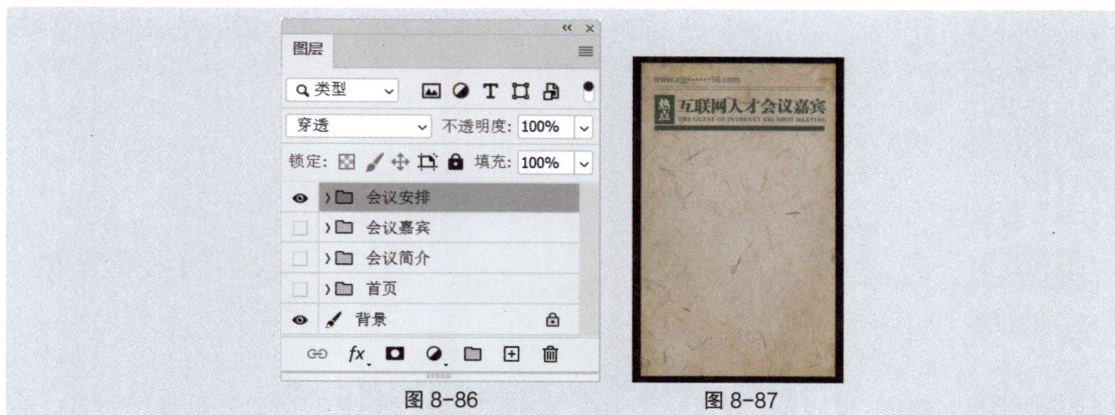

图 8-86

图 8-87

（2）选择"横排文字工具" T，分别选取文字"互联网人才……"和"THE GUEST OF……"，修改为需要的文字，效果如图 8-88 所示。

（3）选择"矩形工具" □，在图像窗口中绘制矩形，效果如图 8-89 所示，在"图层"控制面板中生成新的形状图层"矩形 18"。

图 8-88

图 8-89

（4）选择"文件 > 置入嵌入对象"命令，弹出"置入嵌入对象"对话框。选择云盘中的"Ch08 > 互联网行业会议邀请 H5 页面的制作 > 视觉设计 > 素材 > 14"文件，单击"置入"按钮，将图片置入图像窗口中。将其拖曳到适当的位置并调整大小，按"Enter"键确定操作，在"图层"控制面板中生成新图层并将其命名为"照片"。

（5）按"Alt+Ctrl+G"组合键，为"照片"图层创建剪贴蒙版，效果如图 8-90 所示。在"图层"控制面板上方，将"照片"图层的混合模式设为"柔光"，效果如图 8-91 所示。

图 8-90

图 8-91

（6）选择"横排文字工具" **T**，在图像窗口中分别输入需要的文字并选择文字。在属性栏中分别选择合适的字体并设置文字大小，效果如图 8-92 所示，在"图层"控制面板中分别生成新的文字图层。选择"7 月 22……"文字图层，按"Alt+ ←"组合键，适当调整文字的间距，效果如图 8-93 所示。选择"互联网人才……"文字图层，按"Alt+ ↑"组合键，适当调整文字的行距，效果如图 8-94 所示。

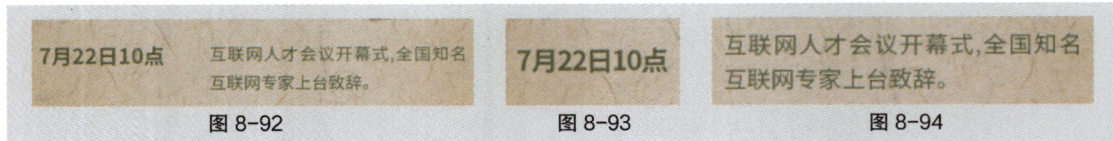

图 8-92

图 8-93

图 8-94

（7）选择"椭圆工具" ○，在属性栏中将"填充"选项设为苍绿色（88,114,89），"描边"选项设为"无颜色"。按住"Shift"键的同时，在图像窗口中绘制圆形，效果如图 8-95 所示，在"图层"控制面板中生成新的形状图层"椭圆 1"。

（8）选泽"直线工具" ／，按住"Shift"键的同时，在图像窗口中绘制直线，效果如图 8-96 所示，在"图层"控制面板中生成新的形状图层"形状 7"。

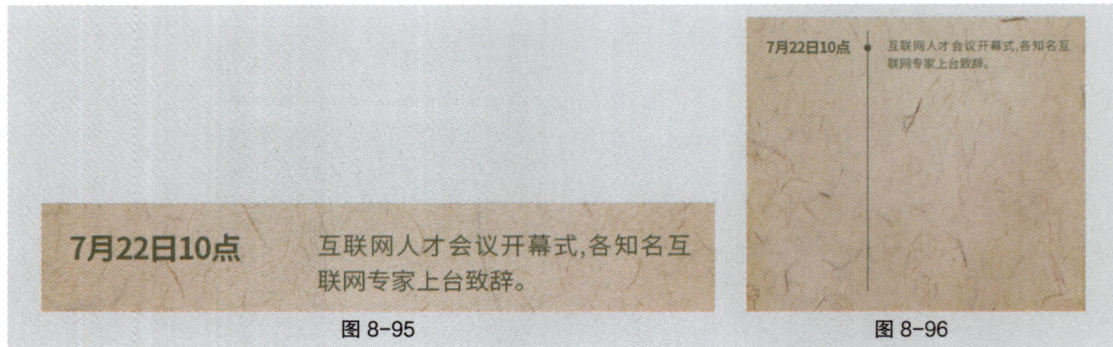

图 8-95

图 8-96

（9）在"图层"控制面板中，按住"Shift"键的同时，将"椭圆 1"图层和"互联网人才……"文字图层及它们之间的所有图层同时选择。按"Ctrl+G"组合键，编组图层并将其命名为"致辞"，如图 8-97 所示。

（10）选择"移动工具" ⊕，按住"Alt+Shift"组合键的同时，将图形和文字垂直向下拖曳到适当的位置，复制图形和文字，效果如图 8-98 所示，在"图层"控制面板中生成新图层组并将其命名为"互动"。

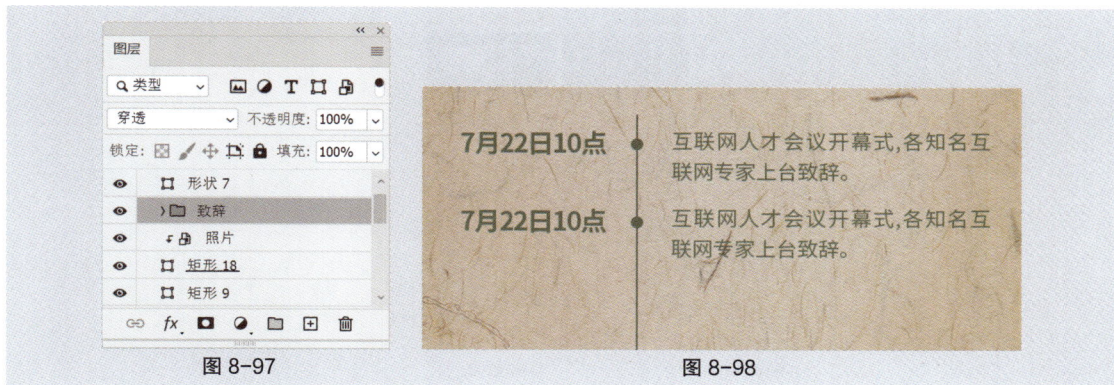

图 8-97　　　　　　　　　　　　　图 8-98

（11）选择"横排文字工具" T，在图像窗口中分别输入需要的文字，效果如图 8-99 所示。用相同的方法输入其他文字，效果如图 8-100 所示。

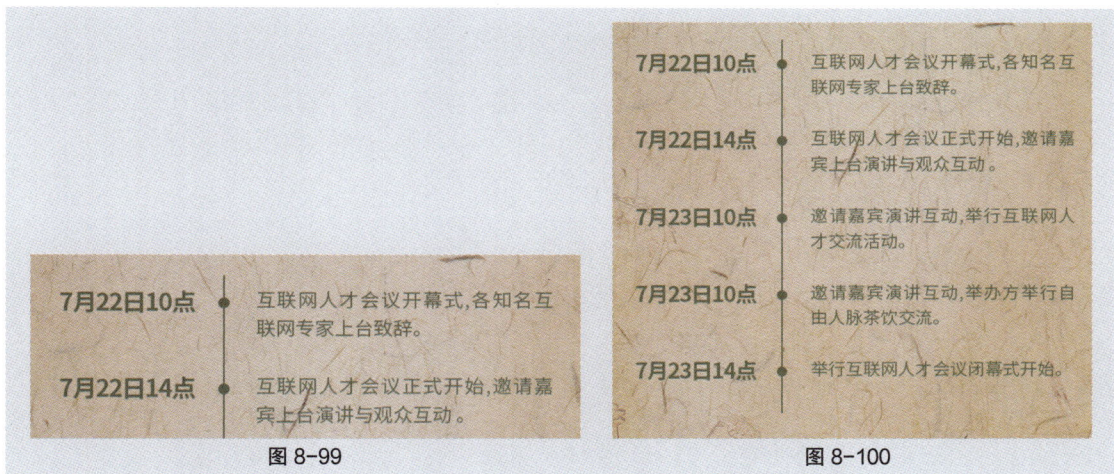

图 8-99　　　　　　　　　　　　　图 8-100

（12）按住"Alt"键的同时，单击"首页"图层组左侧的眼睛图标 ◉，隐藏"首页"图层组以外的所有图层。选择"文件 > 导出 > 存储为 Web 所用格式"命令，弹出"存储为 Web 所用格式"对话框。选择 JPEG 格式，单击"存储"按钮，弹出"将优化结果存储为"对话框，单击"保存"按钮，将图片保存，并为其重命名。用相同的方法导出其他图层组。

## 8.1.4　制作发布

（1）使用谷歌浏览器登录凡科微传单。单击"进入管理"按钮，跳转到"模板商城"页面，如图 8-101 所示。选择"从空白创建"，如图 8-102 所示。

图 8-101

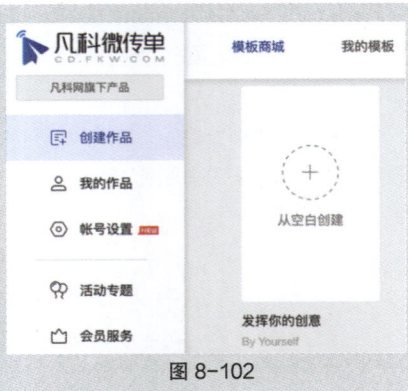

图 8-102

（2）单击页面上方的"趣味"选项，在弹出的菜单中选择"画中画"功能，如图 8-103 所示。在弹出的窗口中单击"添加"按钮，页面创建完成。

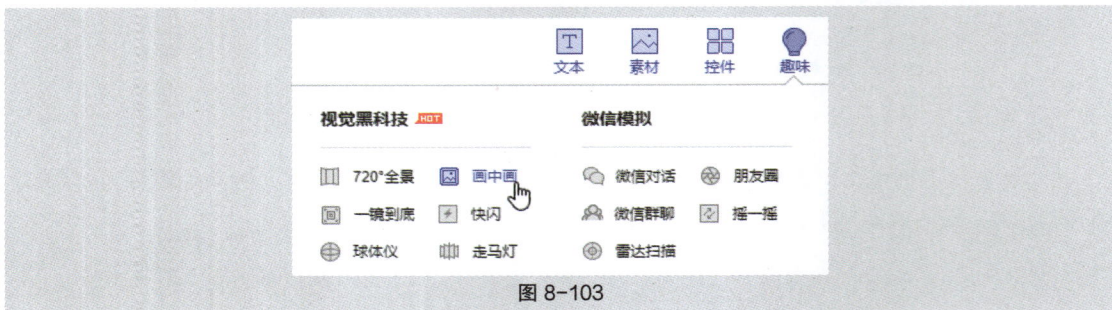

图 8-103

（3）单击左侧导航窗格"页面 1"的"删除"按钮 🗑，如图 8-104 所示。弹出"信息提示"对话框，单击"确定"按钮，删除空白页面，效果如图 8-105 所示。选择"长按"按钮，在右侧的"按钮样式"面板中展开"高级样式"来调整按钮的大小，如图 8-106 所示。

图 8-104

图 8-105

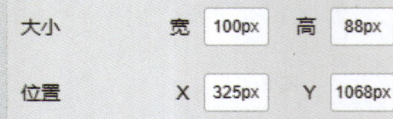

图 8-106

（4）单击页面上方的"素材"选项，如图 8-107 所示，在弹出的对话框中单击"本地上传"按钮，选择云盘中的"Ch08 > 互联网行业会议邀请 H5 页面的制作 > 制作发布 > 01 ～ 04"文件，单击"打开"按钮置入图片，如图 8-108 所示。单击使用"01"素材，页面效果如图 8-109 所示。

图 8-107

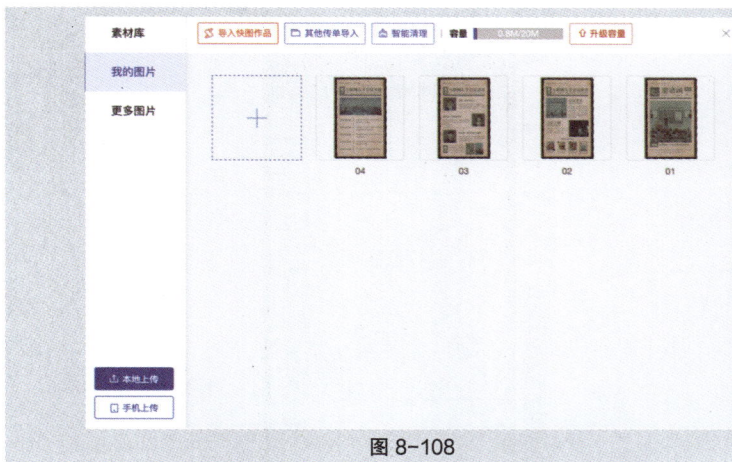

图 8-108

图 8-109

（5）单击图像右侧的"生成"按钮，如图 8-110 所示，生成画中画元素。单击页面右上方的"保存"按钮，如图 8-111 所示，保存页面效果。

图 8-110

图 8-111

（6）在"画中画"面板中选择"第 2 幕"，如图 8-112 所示，再次单击使用素材，选择上一个页面的缩略图并将其拖曳到适当的位置，效果如图 8-113 所示。

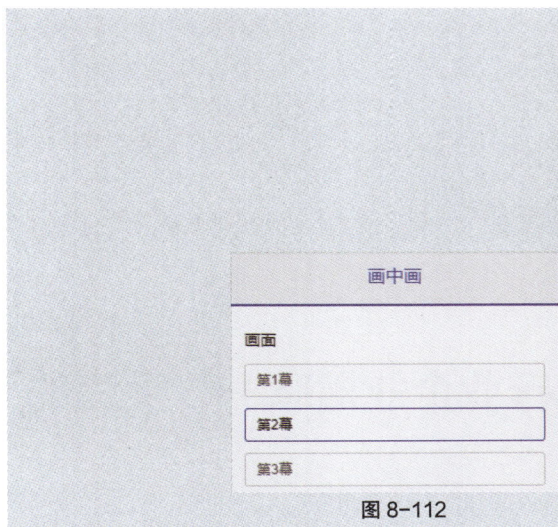

图 8-112

图 8-113

（7）用相同的方法制作其他页面效果。单击页面右上方的"音乐"按钮，打开"背景音乐"选项，如图 8-114 所示，单击"选择音乐"按钮，在弹出的面板中选取背景音乐。单击底图右侧的"生成"按钮，生成画中画效果。单击页面右上方的"预览和设置"按钮，保存并预览效果，如图 8-115 所示。

图 8-114 图 8-115

（8）单击"基础设置"面板中的"编辑分享样式"按钮，在弹出的面板中编辑分享样式，如图 8-116 所示。单击效果下方的"手机预览"按钮或"分享作品"按钮，扫描二维码即可分享作品。至此，互联网行业会议邀请 H5 页面制作发布完成。

图 8-116

# 8.2 课堂练习——互联网行业企业招聘 H5 页面的制作

【练习知识要点】使用谷歌浏览器登录凡科官网，使用凡科微传单制作互联网行业企业招聘 H5 页面，使用 Photoshop 制作首页、公司简介、程序员、设计师和新媒体等页面的视觉效果，使用凡科微传单的画中画功能制作 H5 页面动画，效果如图 8-117 所示。
【效果所在位置】云盘 /Ch08/ 效果 / 互联网行业企业招聘 H5 页面的制作。

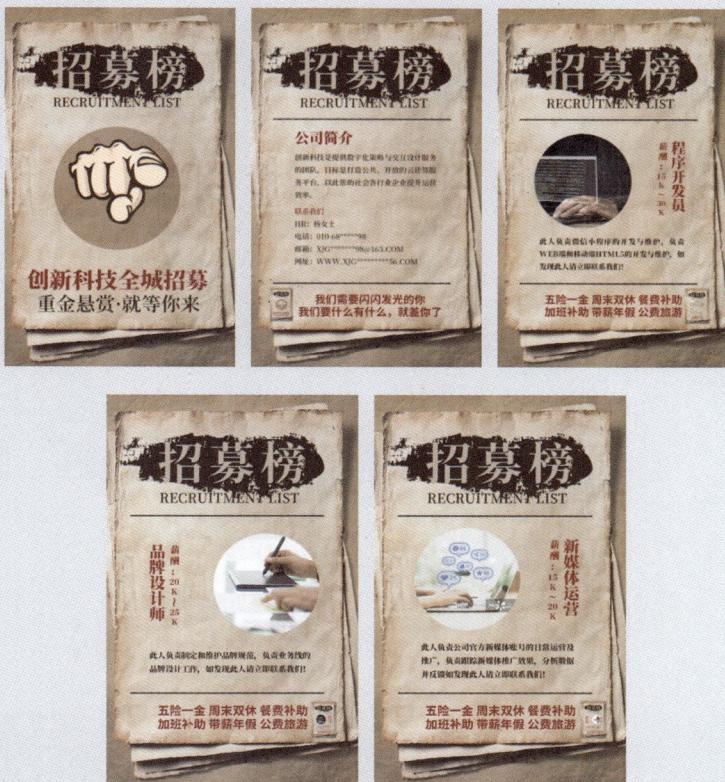

图 8-117

微课
互联网行业
企业招聘 H5
页面的制作 1

微课
互联网行业
企业招聘 H5
页面的制作 2

# 8.3 课后习题——购物季食品营销活动 H5 页面的制作

【习题知识要点】使用谷歌浏览器登录凡科官网,使用凡科微传单制作购物季食品营销活动 H5 页面,使用 Photoshop 制作首页、优惠活动、优惠券和优惠产品等页面的视觉效果,使用凡科微传单的画中画功能制作 H5 页面动画,效果如图 8-118 所示。

【效果所在位置】云盘 /Ch08/ 效果 / 购物季食品营销活动 H5 页面的制作。

图 8-118

# 09

# 3D/ 全景 H5 页面的制作

▶ **本章介绍**

3D/ 全景 H5 页面可以将产品的每个角度都淋漓尽致地展现，令用户有身临其境的感觉。本章从实战角度对 3D/ 全景 H5 页面的项目策划、交互设计、视觉设计及制作发布进行系统讲解。通过本章的学习，读者可以了解 3D/ 全景 H5 页面的设计思路，并掌握制作和发布 3D/ 全景 H5 页面的方法。

---

**学习目标**

微课

第 9 章简介

- 了解食品餐饮行业新年祝福 H5 页面的项目策划思路。
- 熟悉食品餐饮行业新年祝福 H5 页面的交互设计思路。

**技能目标**

- 掌握食品餐饮行业新年祝福 H5 页面的视觉设计方法。
- 掌握食品餐饮行业新年祝福 H5 页面的制作和发布方法。

**素养目标**

- 加深学生对中华优秀传统文化的热爱。

# 9.1 课堂案例——食品餐饮行业新年祝福 H5 页面的制作

【案例学习目标】了解食品餐饮行业新年祝福 H5 页面项目策划及交互设计，掌握使用 Photoshop 制作 H5 页面视觉效果的方法，学习使用凡科微传单制作和发布 H5 页面的方法。

【案例知识要点】使用谷歌浏览器登录凡科官网，使用凡科微传单制作食品餐饮行业新年祝福 H5 页面，使用 Photoshop 制作首页、年味大集、步步高升、年货大集、岁岁平安、年俗大集、恭喜发财等页面的视觉效果，使用凡科微传单的走马灯功能制作最终效果，效果如图 9-1 所示。

【效果所在位置】云盘 /Ch09/ 效果 / 食品餐饮行业新年祝福 H5 页面的制作。

图 9-1

## 9.1.1 项目策划

醉仙楼食品餐饮有限公司在新春佳节之际，想制作一款 H5 页面，既送出节日祝福又实现宣传品牌的目的。在项目策划方面，设计师计划将内容分为首尾祝福页、年味大集介绍页、年货大集介绍页、年俗大集介绍页以及穿插在中间的祝福页。针对视觉，采用红色剪纸的形式营造春节气氛。针对制作，运用走马灯的表现形式进一步体现春节的喜庆氛围。

## 9.1.2　交互设计

通过前期基本的项目策划，设计师对 H5 页面的原型进行了梳理，并运用 Axure 进行了绘制，如图 9-2 所示。

图 9-2

## 9.1.3　视觉设计

### 1.　首页

（1）打开 Photoshop。按 "Ctrl+N" 组合键，新建一个文件，宽度为 750 像素，高度为 1206 像素，分辨率为 72 像素 / 英寸（1 英寸 =2.54 厘米），单击 "创建" 按钮，完成文档新建。

（2）选择 "文件 > 置入嵌入对象" 命令，弹出 "置入嵌入对象" 对话框。选择云盘中的 "Ch09 > 食品餐饮行业新年祝福 H5 页面的制作 > 视觉设计 > 素材 > 01" 文件，单击 "置入" 按钮，将图片置入图像窗口中。将其拖曳到适当的位置并调整大小，按 "Enter" 键确定操作，效果如图 9-3 所示，在 "图层" 控制面板生成新图层并将其命名为 "底图"，如图 9-4 所示。

图 9-3　　　　　　　　　　图 9-4

（3）选择 "矩形工具" ▢，在图像窗口中单击，弹出 "创建矩形" 对话框，设置如图 9-5 所示。单击 "确定" 按钮，选择 "移动工具"，将图形拖曳到适当的位置，在 "图层" 控制面板生成新的形状图层 "矩形 1"。在属性栏中将 "填充" 选项设为 "无颜色"，单击 "描边" 选项，在弹出的面板中单击 "渐变" 按钮 ▭，展开 "橙色" 渐变组，设置渐变色为 0（255,110,2）、50（255,255,0）、100（255,110,2），如图 9-6 所示。将 "描边宽度" 选项设为 "8 像素"，选择 "移动工具" ✛，选取图形，将其拖曳到适当的位置，效果如图 9-7 所示。

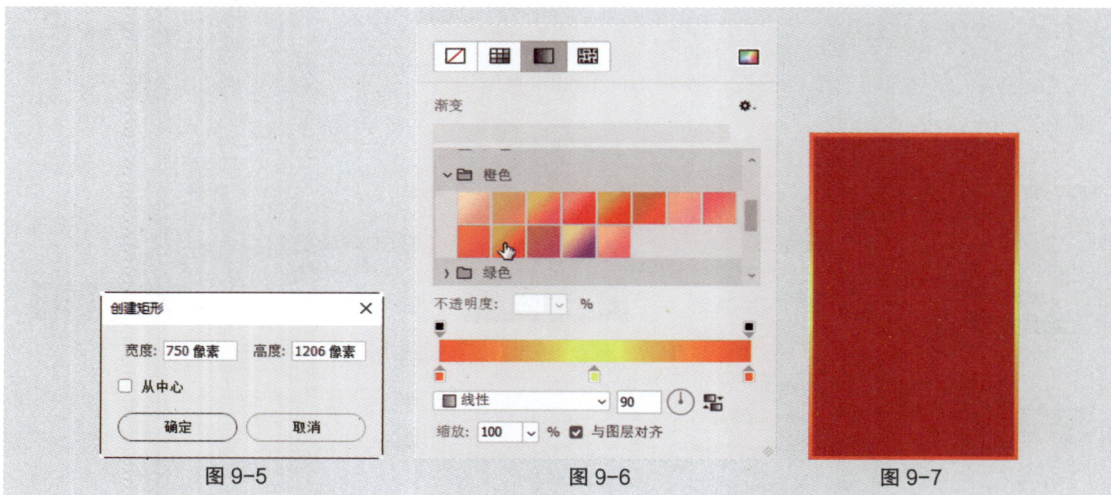

图 9-5　　　　　　　　　　　　　　　图 9-6　　　　　　　　　　　　　　　图 9-7

（4）选择"圆角矩形工具" ⬜，在属性栏中将"半径"选项设为"40像素"，在图像窗口中绘制圆角矩形，设置"描边"选项为金黄色（255,207,126），"描边宽度"选项为"4像素"，效果如图9-8所示，在"图层"控制面板生成新的形状图层"圆角矩形1"。

（5）选择"文件 > 置入嵌入对象"命令，弹出"置入嵌入对象"对话框。分别选择云盘中的"Ch09 > 食品餐饮行业新年祝福H5页面的制作 > 视觉设计 > 素材 > 02、03、04"文件，单击"置入"按钮，将图片置入图像窗口中，并分别调整其位置和大小，按"Enter"键确定操作，效果如图9-9所示，在"图层"控制面板分别生成新图层并将其分别命名为"云彩""梅花""文字框"。

（6）在"图层"控制面板中，按住"Shift"键的同时，将"云彩"图层和"矩形1"图层及它们之间的所有图层同时选择。按"Ctrl+G"组合键，编组图层并将其命名为"边框"，如图9-10所示。

图 9-8　　　　　　　　图 9-9　　　　　　　　图 9-10

（7）选择"直排文字工具" ⬛，在图像窗口中输入需要的文字并选择文字。在属性栏中分别选择合适的字体并设置文字大小，将文字颜色设为金黄色（255,207,126），在"图层"控制面板中分别生成新的文字图层，效果如图9-11所示。

（8）选取"庆新春喜相迎……"文字图层。单击"图层"控制面板下方的"添加图层样式"按钮 fx，在弹出的菜单中选择"投影"命令，在弹出的对话框中进行设置，如图9-12所示。单击"确定"按钮，效果如图9-13所示。

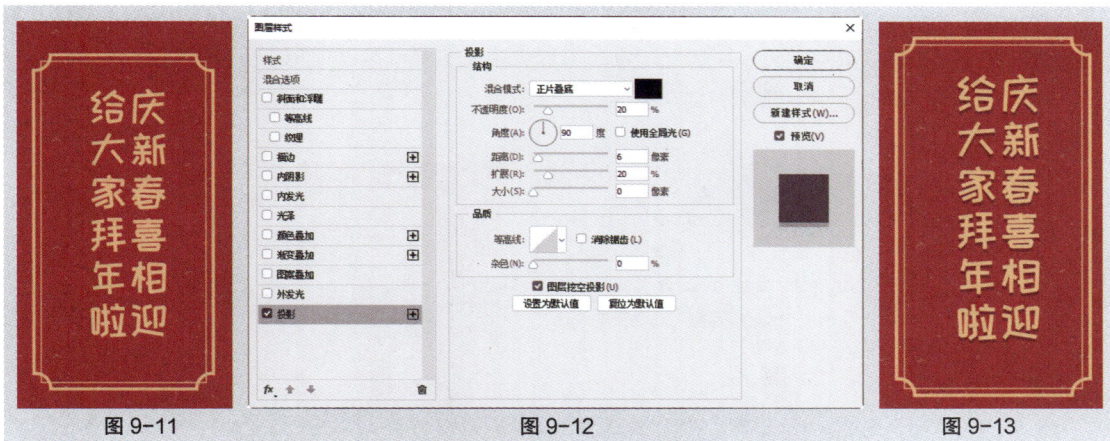

图 9-11　　　　　　　　图 9-12　　　　　　　　图 9-13

（9）选择"文件 > 置入嵌入对象"命令，弹出"置入嵌入对象"对话框。选择云盘中的"Ch09 > 食品餐饮行业新年祝福 H5 页面的制作 > 视觉设计 > 素材 > 05"文件，单击"置入"按钮，将图片置入图像窗口中。将其拖曳到适当的位置并调整大小，按"Enter"键确定操作，效果如图 9-14 所示，在"图层"控制面板生成新图层并将其命名为"祥云"。

（10）在"图层"控制面板中，按住"Shift"键的同时，将"边框"图层组和"祥云"图层及它们之间的所有图层同时选择。按"Ctrl+G"组合键，编组图层并将其命名为"首页"，如图 9-15 所示。

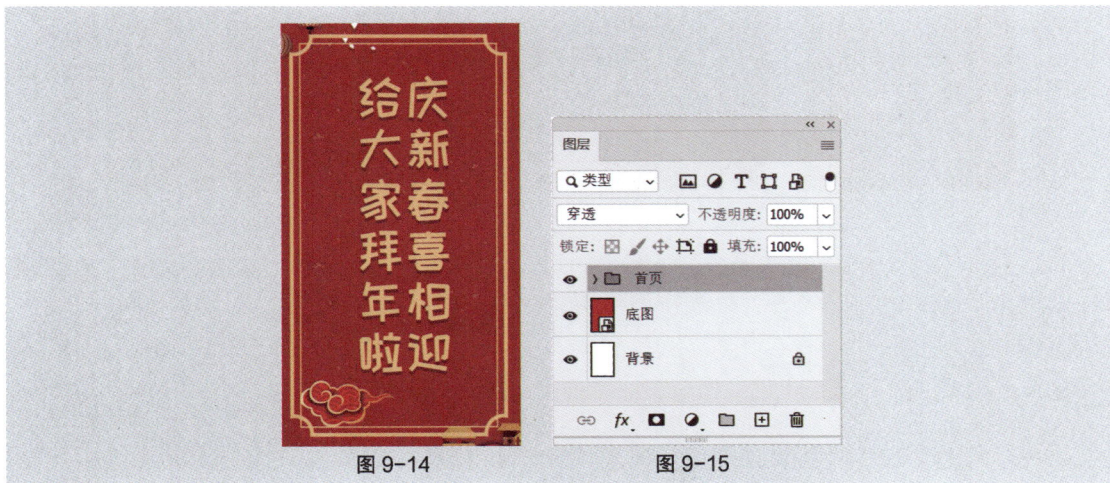

图 9-14　　　　　　　　图 9-15

### 2. 年味大集

（1）在"图层"控制面板中，按"Ctrl+J"组合键，复制"首页"图层组，生成新图层组并将其命名为"年味大集"。单击"首页"图层组左侧的眼睛图标 👁 将其隐藏，如图 9-16 所示。单击展开"年味大集"图层组，按住"Shift"键的同时，将"祥云"图层和"梅花"图层及它们之间的所有图层同时选择。按"Delete"键删除图层，效果如图 9-17 所示。

（2）选中"边框"图层组。选择"文件 > 置入嵌入对象"命令，弹出"置入嵌入对象"对话框。分别选择云盘中的"Ch09 > 食品餐饮行业新年祝福 H5 页面的制作 > 视觉设计 > 素材 > 06、07"文件，单击"置入"按钮，将图片置入图像窗口中，并分别调整其位置和大小。按"Enter"键确定操作，效果如图 9-18 所示，在"图层"控制面板分别生成新图层并将其分别命名为"屋顶"和"边框"。

（3）选择"横排文字工具" $\boxed{\text{T}}$ ，在图像窗口中分别输入需要的文字并选择文字。在属性栏中分别选择合适的字体并设置文字大小，将文字颜色设为金黄色（255,207,126），效果如图9-19所示，在"图层"控制面板中分别生成新的文字图层。

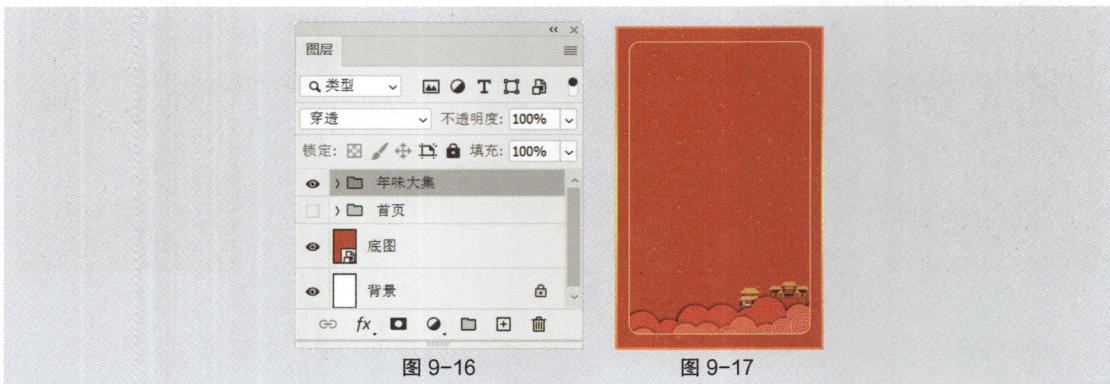

图 9-16　　　　　　　　　　　　　　图 9-17

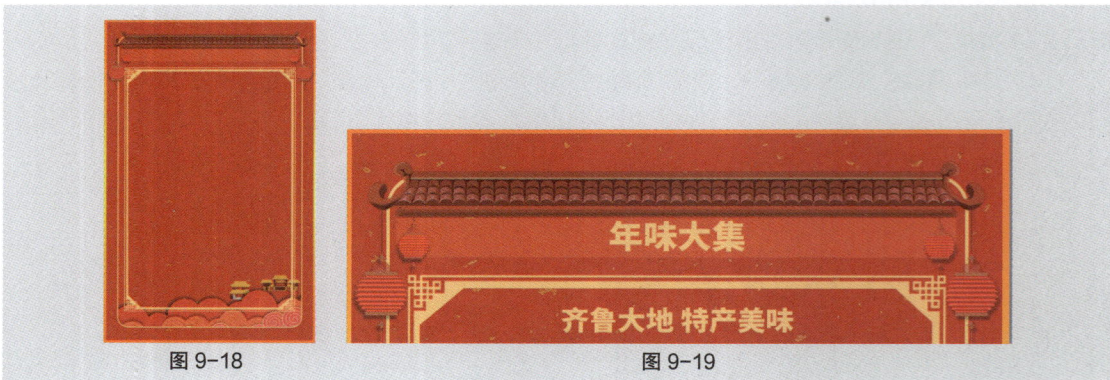

图 9-18　　　　　　　　　　　　　　图 9-19

（4）选中"年味大集"文字图层。单击"图层"控制面板下方的"添加图层样式"按钮 $fx$ ，在弹出的菜单中选择"投影"命令，在弹出的对话框中进行设置，如图9-20所示。单击"确定"按钮，效果如图9-21所示。

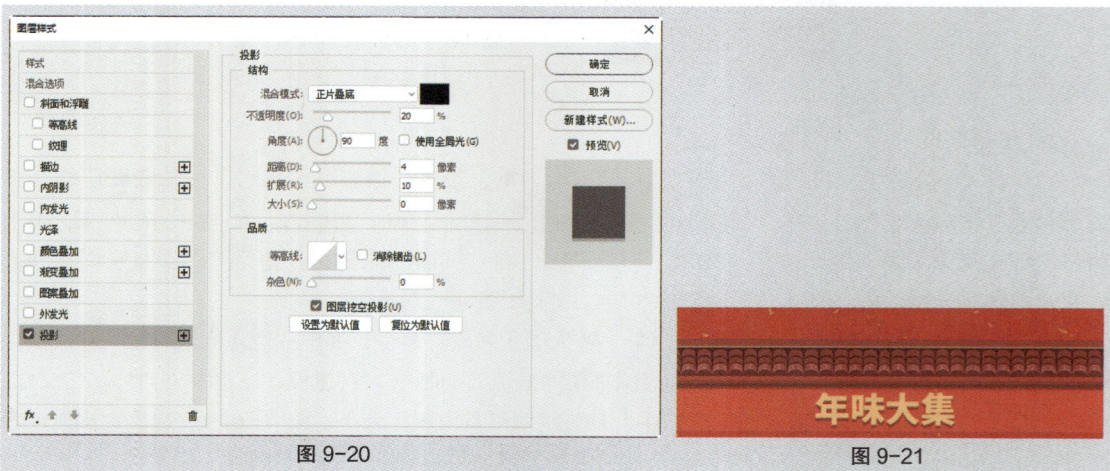

图 9-20　　　　　　　　　　　　　　图 9-21

（5）选择"文件 > 置入嵌入对象"命令，弹出"置入嵌入对象"对话框。分别选择云盘中的"Ch09 > 食品餐饮行业新年祝福 H5 页面的制作 > 视觉设计 > 素材 > 08、09"文件，单击"置入"按钮，将图片置入图像窗口中，分别调整其位置和大小。按"Enter"键确定操作，效果如图 9-22 所示，在"图层"控制面板分别生成新图层并将其分别命名为"装饰 1"和"糖葫芦"。

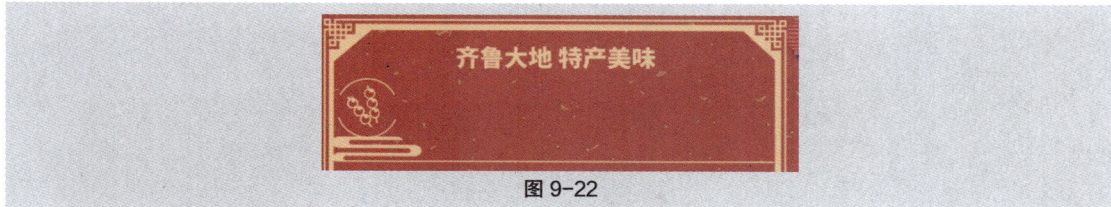

图 9-22

（6）选择"横排文字工具" $T$ ，在图像窗口中输入需要的文字并选择文字。在属性栏中选择合适的字体并设置文字大小，效果如图 9-23 所示，在"图层"控制面板中生成新的文字图层。

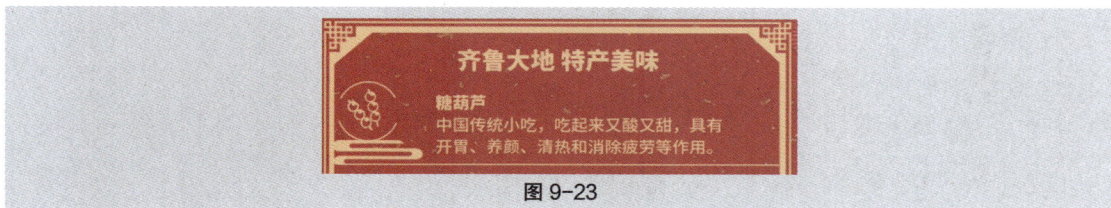

图 9-23

（7）在"图层"控制面板中，按住"Shift"键的同时，将"装饰 1"图层和"糖葫芦中国传统……"文字图层及它们之间的所有图层同时选择。按"Ctrl+G"组合键，编组图层并将其命名为"糖葫芦"，如图 9-24 所示。用相同的方法置入其他图片并输入其他文字，效果如图 9-25 所示。"图层"控制面板如图 9-26 所示。

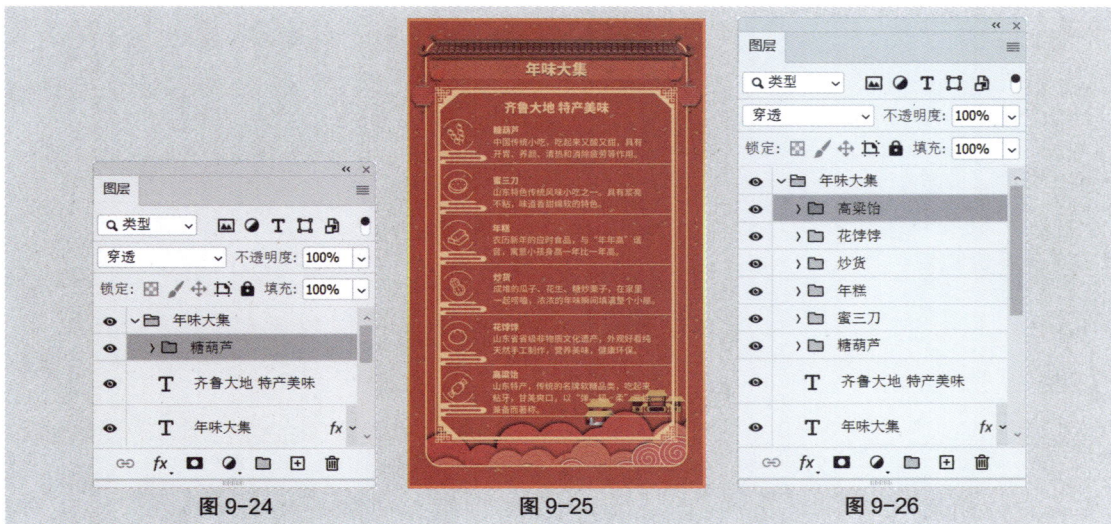

图 9-24　　　　　　　图 9-25　　　　　　　图 9-26

### 3. 步步高升

（1）在"图层"控制面板中，按"Ctrl+J"组合键，复制"年味大集"图层组，生成新图层组并将其命名为"步步高升"。单击"年味大集"图层组左侧的眼睛图标 👁 将其隐藏，如图 9-27 所示。单击展开"步步高升"图层组，按住"Shift"键的同时，将"高粱饴"图层组和"屋顶"图层及它们之间的所有图层同时选择。按"Delete"键删除图层，效果如图 9-28 所示。

（2）选中"边框"图层组。选择"文件 > 置入嵌入对象"命令，弹出"置入嵌入对象"对话框。分别选择云盘中的"Ch09 > 食品餐饮行业新年祝福 H5 页面的制作 > 视觉设计 > 素材 > 15、16"文件，单击"置入"按钮，将图片置入图像窗口中，并分别调整其位置和大小，按"Enter"键确定操作。单击"底图"图层组左侧的眼睛图标 👁 将其隐藏，效果如图 9-29 所示，在"图层"控制面板分别生成新图层并将其命名为"梅花"和"帽子"。

图 9-27

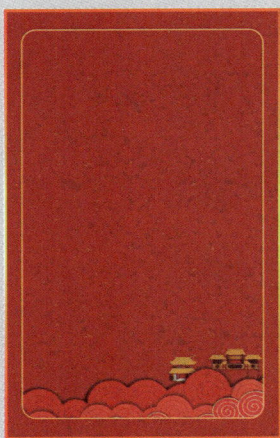
图 9-28

图 9-29

（3）选中"梅花"图层。单击"图层"控制面板下方的"添加图层样式"按钮 fx，在弹出的菜单中选择"颜色叠加"命令，弹出"图层样式"对话框。将颜色设置为金黄色（255,207,126），其他设置如图 9-30 所示。单击"确定"按钮，效果如图 9-31 所示。

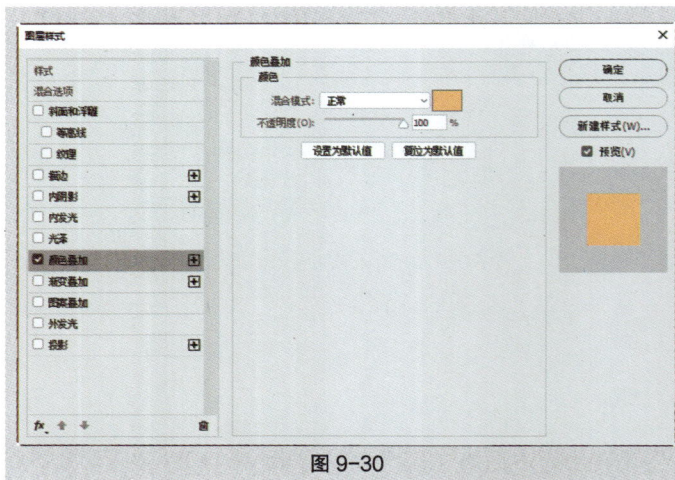
图 9-30

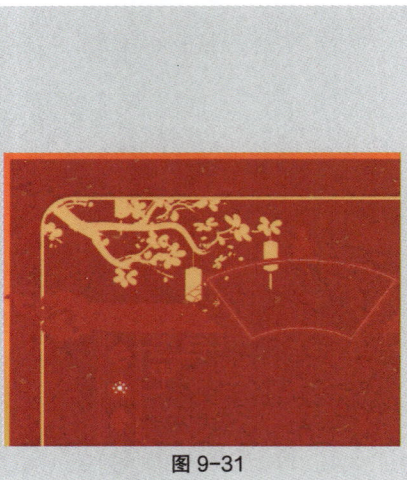
图 9-31

（4）在"梅花"图层上单击鼠标右键，在弹出的菜单中选择"拷贝图层样式"命令，复制图层样式。在"帽子"图层上单击鼠标右键，在弹出的菜单中选择"粘贴图层样式"命令，粘贴图层样式，效果如图 9-32 所示。

（5）选择"直排文字工具" IT，在图像窗口中输入需要的文字并选择文字，在属性栏中选择合适的字体并设置文字大小，效果如图 9-33 所示，在"图层"控制面板中生成新的文字图层。

H5 页面设计与制作（全彩慕课版）（第 2 版）

图 9-32　　　　　　　图 9-33

（6）选择"文件 > 置入嵌入对象"命令，弹出"置入嵌入对象"对话框。选择云盘中的"Ch09 > 食品餐饮行业新年祝福 H5 页面的制作 > 视觉设计 > 素材 > 05"文件，单击"置入"按钮，将图片置入图像窗口中，拖曳到适当的位置并调整大小。按"Enter"键确定操作，效果如图 9-34 所示，在"图层"控制面板生成新图层并将其命名为"祥云"。

（7）将"祥云"图层拖曳到控制面板下方的"创建新图层"按钮 回 上进行复制，生成新的图层"祥云 拷贝"。按"Ctrl+T"组合键，在图像周围出现变换框，单击鼠标右键，在弹出的菜单中选择"水平翻转"命令，水平翻转图像。按"Enter"键确定操作，效果如图 9-35 所示。

图 9-34　　　　　　　图 9-35

#### 4. 年货大集

（1）在"图层"控制面板中，按"Ctrl+J"组合键，复制"年味大集"图层组，生成新图层组并将其命名为"年货大集"。将"年货大集"图层组拖曳到"步步高升"图层组的上方，单击"步步高升"图层组左侧的眼睛图标 ◉ 将其隐藏。单击"年货大集"图层组左侧的眼睛图标 ◉ ，将其显示，如图 9-36 所示。单击展开"年货大集"图层组，按住"Shift"键的同时，将"糖葫芦"图层组和"高粱饴"图层组及它们之间的所有图层同时选择。按"Delete"键删除图层，效果如图 9-37 所示。

（2）选择"横排文字工具" T. ，分别选择"年味大集"文字图层和"齐鲁大地……"文字图层，修改为需要的文字，效果如图 9-38 所示。

（3）选择"文件 > 置入嵌入对象"命令，弹出"置入嵌入对象"对话框。选择云盘中的"Ch09 > 食品餐饮行业新年祝福 H5 页面的制作 > 视觉设计 > 素材 > 08"文件，单击"置入"按钮，将图片置入图像窗口中，将其拖曳到适当的位置并调整大小。按"Enter"键确定操作，效果如图 9-39 所示，在"图层"控制面板生成新图层并将其命名为"装饰 1"。

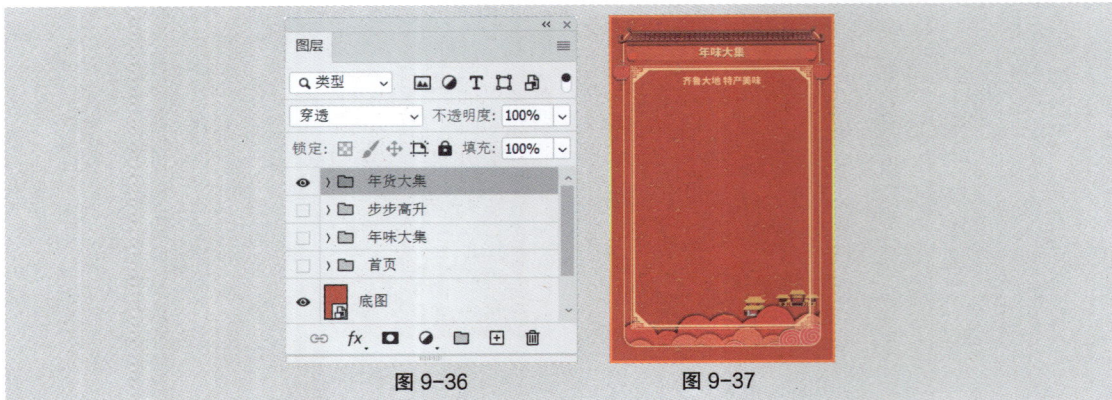

图 9-36　　　　　　　　　　　　　图 9-37

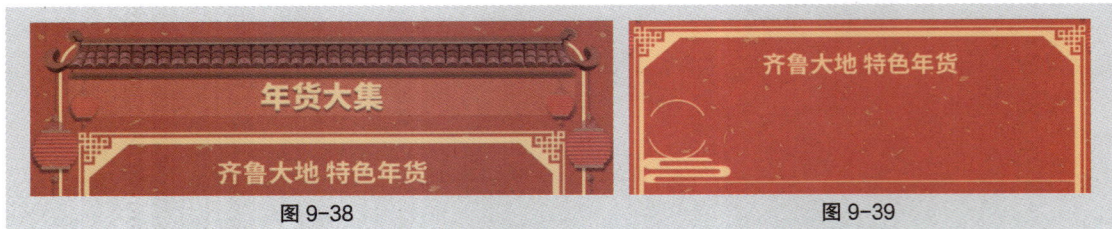

图 9-38　　　　　　　　　　　　　图 9-39

（4）选择"横排文字工具" T.，在图像窗口中分别输入需要的文字并选择文字，在属性栏中分别选择合适的字体并设置文字大小，效果如图 9-40 所示，在"图层"控制面板中分别生成新的文字图层。

（5）在"图层"控制面板中，按住"Shift"键的同时，将"装饰 1"图层和"春联"图层及它们之间的所有图层同时选择。按"Ctrl+G"组合键，编组图层并将其命名为"春联"，如图 9-41 所示。用相同的方法置入图片并输入文字，效果如图 9-42 所示。

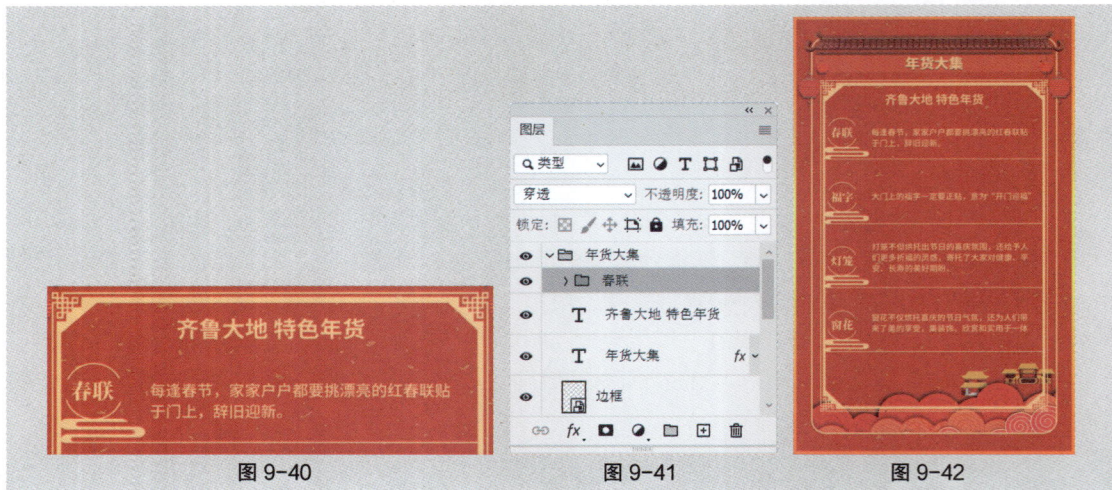

图 9-40　　　　　　　　　图 9-41　　　　　　　　　图 9-42

### 5.　岁岁平安

（1）在"图层"控制面板中，按"Ctrl+J"组合键，复制"步步高升"图层组，生成新图层组并将其命名为"岁岁平安"。将"岁岁平安"图层组拖曳到"年货大集"图层组的上方，单击"年货大集"图层组左侧的眼睛图标 ◉ ，将其隐藏。单击"岁岁平安"图层组左侧的眼睛图标，将其显示，如图 9-43 所示。

（2）单击展开"岁岁平安"图层组。选择"横排文字工具" T，选择"步步高升"文字图层，修改为需要的文字，效果如图 9-44 所示。

图 9-43　　　　　　　图 9-44

### 6. 年俗大集

（1）在"图层"控制面板中，按"Ctrl+J"组合键，复制"年货大集"图层组，生成新图层组并将其命名为"年俗大集"。将"年俗大集"图层拖曳到"岁岁平安"图层组的上方，单击"岁岁平安"图层组左侧的眼睛图标 👁 将其隐藏，如图 9-45 所示。单击展开"年俗大集"图层组，按住"Shift"键的同时，将"春联"图层组和"窗花"图层组及它们之间的所有图层同时选择。按"Delete"键删除图层，效果如图 9-46 所示。

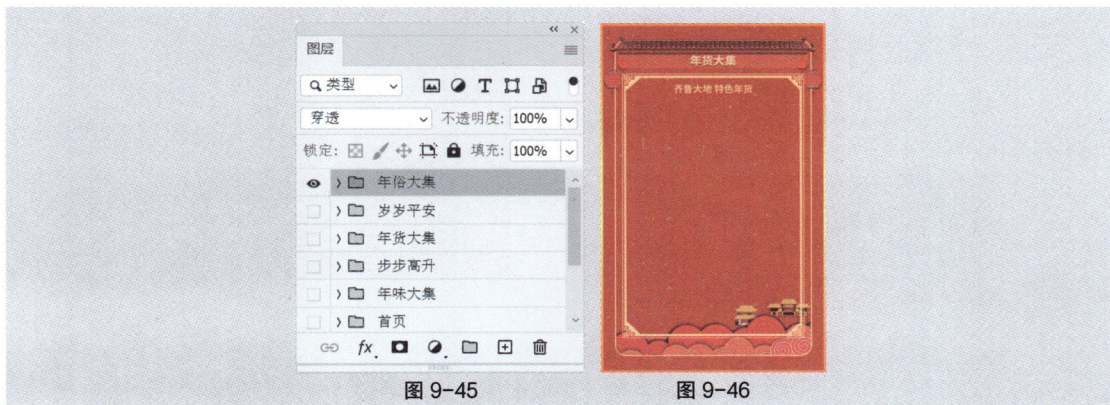

图 9-45　　　　　　　图 9-46

（2）选择"横排文字工具" T，分别选择"年货大集"文字图层和"齐鲁大地……"文字图层，修改为需要的文字，效果如图 9-47 所示。

图 9-47

（3）选择"文件 > 置入嵌入对象"命令，弹出"置入嵌入对象"对话框。分别选择云盘中的"Ch09 > 食品餐饮行业新年祝福 H5 页面的制作 > 视觉设计 > 素材 > 17"文件，单击"置入"按钮，将图片置入图像窗口中，并分别调整其位置和大小。按"Enter"键确定操作，效果如图 9-48 所示，在"图层"控制面板生成新图层并将其命名为"装饰"。

（4）选择"横排文字工具" T.，在图像窗口中分别输入需要的文字并选择文字，在属性栏中选择合适的字体并设置文字大小，效果如图 9-49 所示，在"图层"控制面板中生成新的文字图层。

图 9-48 图 9-49

（5）在"图层"控制面板中，按住"Shift"键的同时，将"除夕"文字图层和"装饰"图层及它们之间的所有图层同时选择。按"Ctrl+G"组合键，编组图层并将其命名为"除夕"，如图 9-50所示。用相同的方法置入图片并输入文字，效果如图 9-51 所示。

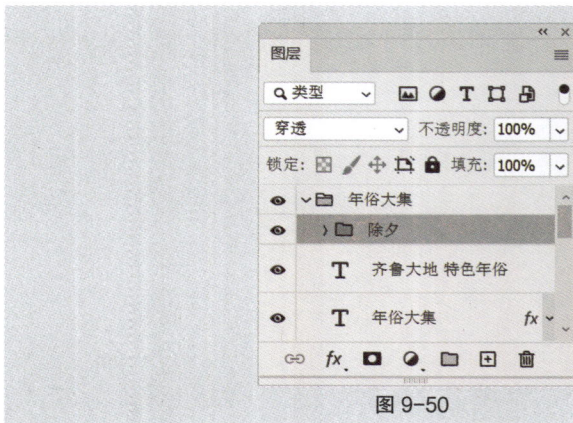 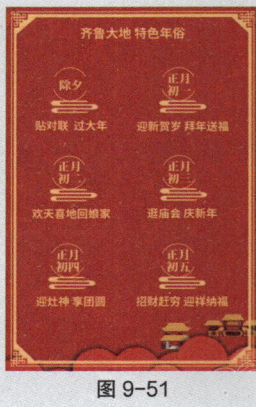

图 9-50 图 9-51

（6）选择"直线工具" ∕.，在属性栏中将"选择工具模式"选项设置为"形状"，将"填充"选项设为"无颜色"，"描边"选项设为金黄色（255,207,126），"粗细"选项设为"2 像素"。按住"Shift"键的同时，在图像窗口中绘制直线，效果如图 9-52 所示，在"图层"控制面板生成新的形状图层"形状 1"。

（7）选择"路径选择工具" ▶.，选取直线。按住"Alt+Shift"组合键的同时，垂直向下拖曳图形到适当的位置，复制图形，效果如图 9-53 所示。

**7．恭喜发财**

（1）在"图层"控制面板中，按"Ctrl+J"组合键，复制"年俗大集"图层组，生成新图层组并将其命名为"恭喜发财"。单击"年俗大集"图层组左侧的眼睛图标 ⊙ 将其隐藏，如图 9-54 所示。单击展开"恭喜发财"图层组，按住"Shift"键的同时，将"形状 1"形状图层和"屋顶"图层及它们之间的所有图层同时选择。按"Delete"键删除图层，效果如图 9-55 所示。

图 9-52

图 9-53

图 9-54

图 9-55

（2）选中"边框"图层组。选择"文件 > 置入嵌入对象"命令，弹出"置入嵌入对象"对话框。分别选择云盘中的"Ch09 > 食品餐饮行业新年祝福 H5 页面的制作 > 视觉设计 > 素材 > 18、19、20"文件，单击"置入"按钮，将图片置入图像窗口中，并分别调整其位置和大小。按"Enter"键确定操作，效果如图 9-56 所示，在"图层"控制面板分别生成新图层并命名为"花 1""花 2""窗花"。

（3）选择"直排文字工具"<font>T</font>，在图像窗口中输入需要的文字并选择文字。在属性栏中选择合适的字体并设置文字大小，效果如图 9-57 所示，在"图层"控制面板中生成新的文字图层。至此，食品餐饮行业新年祝福 H5 效果制作完成。

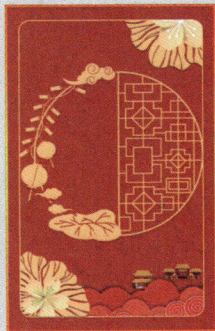
图 9-56

图 9-57

（4）选择"切片工具" ，在图像窗口中拖曳鼠标绘制选区，如图 9-58 所示。选择"文件 > 导出 > 存储为 Web 所用格式"命令，弹出"存储为 Web 所用格式"对话框，选择 PNG-8 格式，将图片保存。选择"视图 > 清除切片"命令，清除切片。

（5）选择"移动工具" ，单击"恭喜发财"图层组左侧的眼睛图标 将其隐藏，效果如图 9-59 所示。选择"文件 > 导出 > 存储为 Web 所用格式"命令，弹出"存储为 Web 所用格式"对话框，选择 JPEG 格式，将图片保存。

（6）按住"Alt"键的同时，单击"首页"图层组左侧的眼睛图标 ，隐藏"首页"图层组以外的所有图层，效果如图 9-60 所示。选择"文件 > 导出 > 存储为 Web 所用格式"命令，弹出"存储为 Web 所用格式"对话框，选择 PNG-8 格式，将图片保存。用相同的方法导出其他图层组。

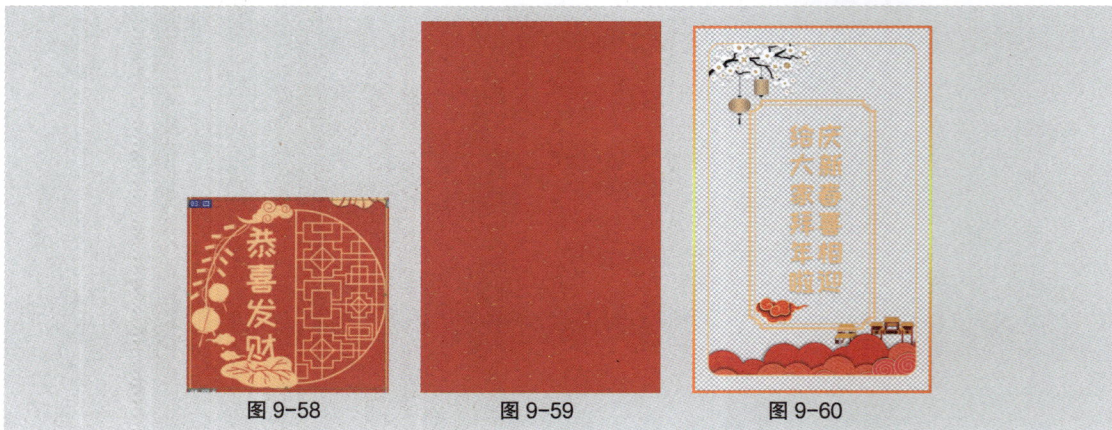

图 9-58          图 9-59          图 9-60

## 9.1.4　制作发布

（1）使用谷歌浏览器登录凡科微传单。单击"进入管理"按钮，跳转到"模板商城"页面如图 9-61 所示。选择"从空白创建"，如图 9-62 所示。

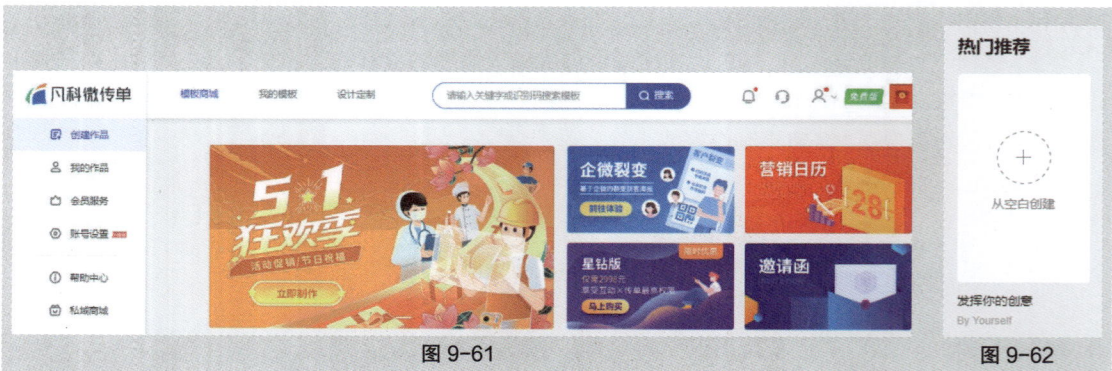

图 9-61          图 9-62

（2）单击页面上方的"趣味"选项，在弹出的菜单中选择"走马灯"功能，如图 9-63 所示。在弹出的窗口中单击"添加"按钮，页面创建完成。

（3）单击左侧导航窗格"页面 1"的"删除"按钮 ，如图 9-64 所示。弹出"信息提示"对话框，单击"确定"按钮，删除空白页面，效果如图 9-65 所示。

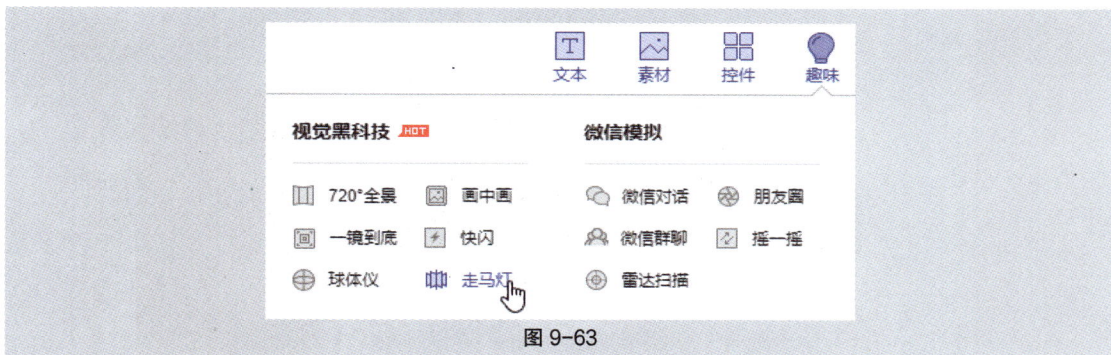
图 9-63

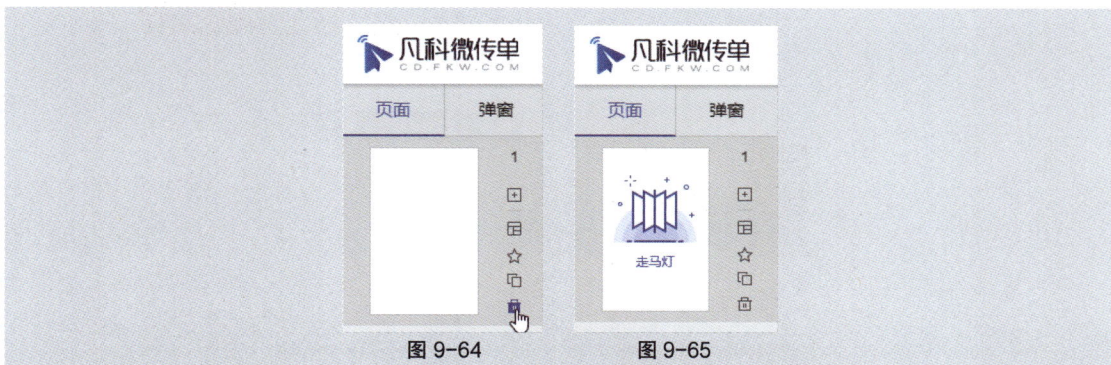
图 9-64　　　　图 9-65

（4）单击页面右侧"走马灯"面板中的"设置背景"按钮，如图 9-66 所示，在弹出的"背景"面板中单击空白区域，如图 9-67 所示。在弹出的对话框中单击"本地上传"按钮，选择云盘中的"Ch09 > 食品餐饮行业新年祝福 H5 页面的制作 > 制作发布 > 01 ～ 09"文件，单击"打开"按钮，上传图片，如图 9-68 所示。单击使用"01"素材，页面效果如图 9-69 所示。

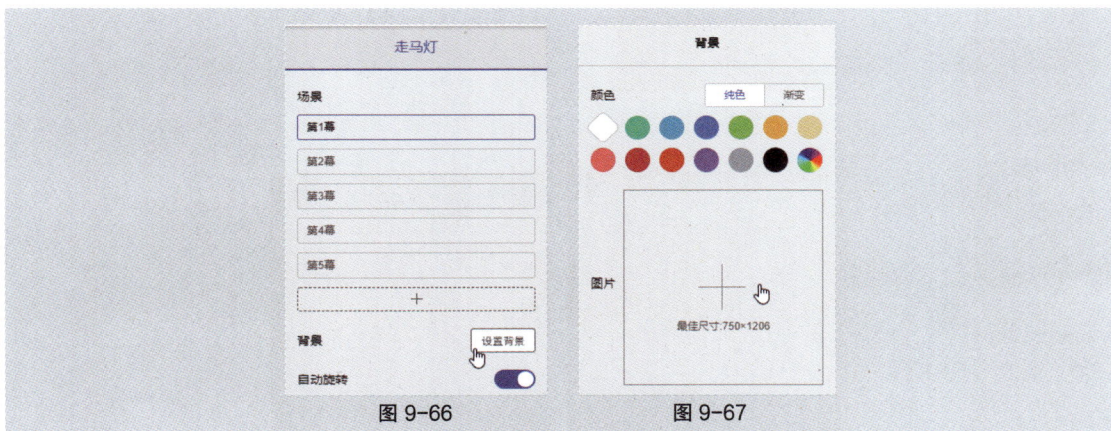
图 9-66　　　　图 9-67

（5）单击底图右侧的"生成"按钮，生成走马灯元素，如图 9-70 所示。单击页面右上方的"保存"按钮保存页面效果，如图 9-71 所示。

（6）单击"素材"选项，在弹出的对话框中单击使用"02"素材，在页面空白处单击，取消选择，页面效果如图 9-72 所示。在页面右侧的"走马灯"面板中选择"第 2 幕"，如图 9-73 所示，页面效果如图 9-74 所示，单击"素材"选项，单击使用"03"素材，页面效果如图 9-75 所示。

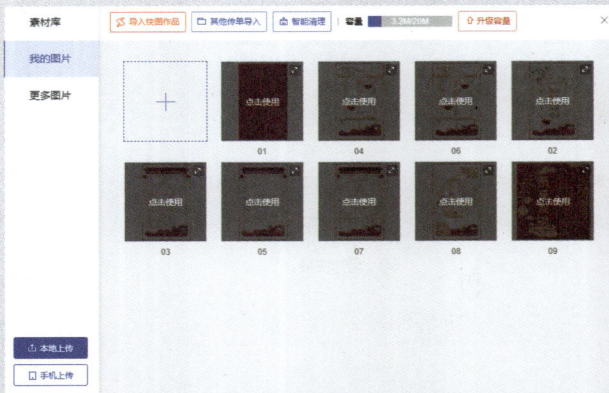

图 9-68

图 9-69

图 9-70

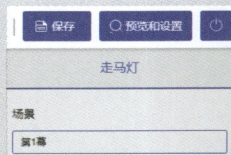

图 9-71

图 9-72

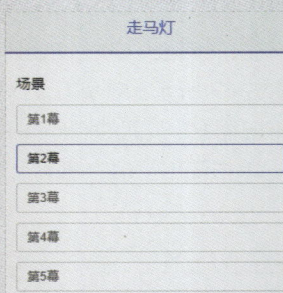

图 9-73

图 9-74

图 9-75

（7）单击图像右侧的"间距"按钮，如图9-76所示，在弹出的"间距"面板中选择"自定义"并设置，如图9-77所示。在页面空白处单击，页面间距调整完成。

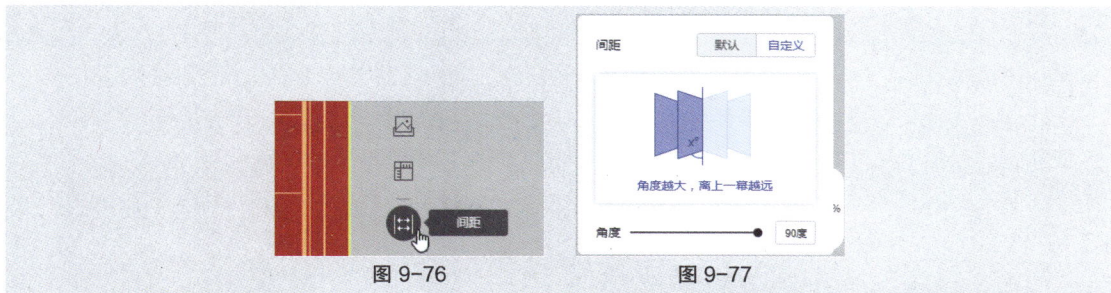

图 9-76

图 9-77

（8）用相同的方法制作其他页面，并调整页面间距。单击"音乐"按钮，打开"背景音乐"选项，如图9-78所示。单击"选择音乐"按钮，在弹出的面板中选取背景音乐。单击"生成"按钮，生成走马灯效果，单击"预览和设置"按钮，保存并预览效果，如图9-79所示。

图 9-78

图 9-79

（9）单击"基础设置"面板中的"编辑分享样式"按钮，如图9-80所示。在弹出的面板中编辑分享样式，如图9-81所示。单击效果下方的"手机预览"按钮或"分享作品"按钮，扫描二维码即可分享作品。至此，食品餐饮行业新年祝福H5页面制作发布完成。

图 9-80

图 9-81

【练习知识要点】使用谷歌浏览器登录凡科官网，使用凡科微传单制作新年年货礼品促销 H5 页面，使用 Photoshop 制作首屏、先领券、大礼包、送亲友、送长辈、关注我们等页面的视觉效果，使用凡科微传单的球体仪功能制作最终效果，效果如图 9-82 所示。

【效果所在位置】云盘 /Ch09/ 效果 / 新年年货礼品促销 H5 页面的制作。

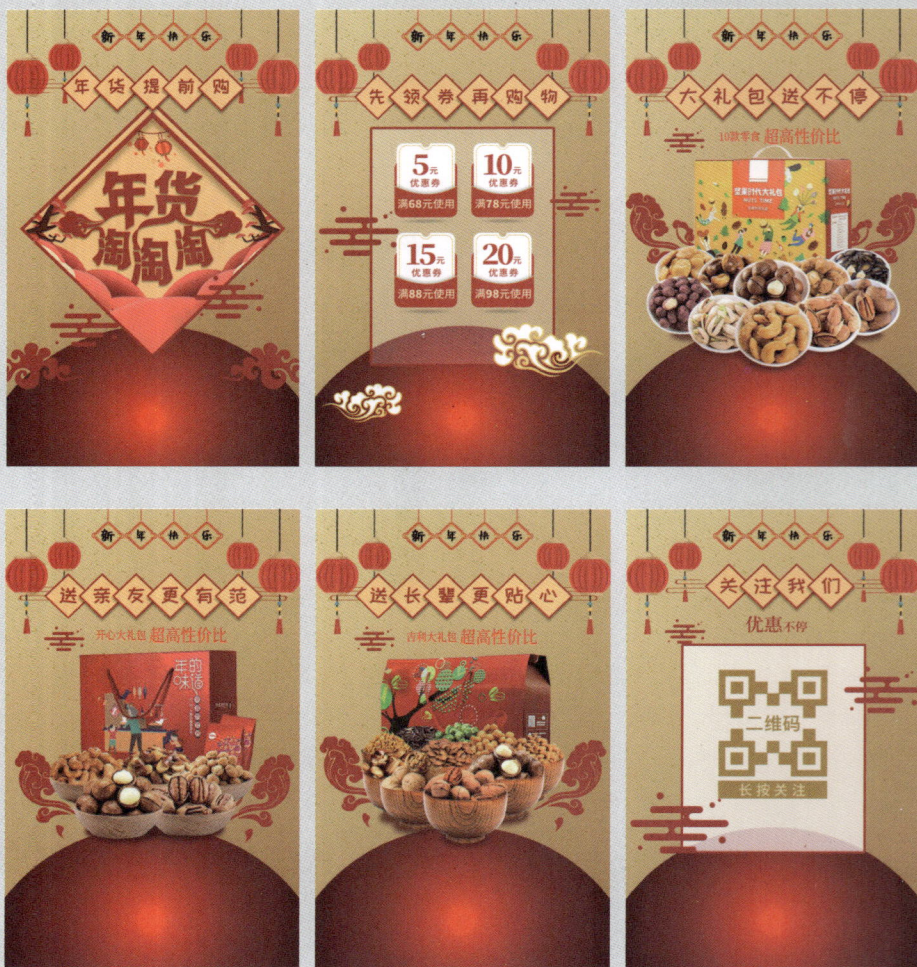

图 9-82

# 9.3 课后习题——家居室内家具推广 H5 页面的制作

【习题知识要点】使用谷歌浏览器登录凡科官网，使用凡科微传单制作家居室内家具推广 H5 页面，使用 Photoshop 制作全景页面和弹窗页面的视觉效果，使用凡科微传单的全景功能功能制作最终效果，效果如图 9-83 所示。

【效果所在位置】云盘 /Ch09/ 效果 / 家居室内家具推广 H5 页面的制作。

图 9-83

微课
家居室内家具推广 H5 页面的制作 1

微课
家居室内家具推广 H5 页面的制作 2

微课
家居室内家具推广 H5 页面的制作 3

# 第 10 章

# 视频动画 H5 页面的制作

▶ **本章介绍**

　　视频动画 H5 页面拥有故事情节，以及与故事情节环环相扣的音效，往往令用户在体验时目不转睛并产生强烈的真实感。本章从实战角度对视频动画 H5 页面的项目策划、交互设计、视觉设计及制作发布进行系统讲解。通过本章的学习，读者可以了解视频动画 H5 页面的设计思路，并掌握制作和发布视频动画 H5 页面的方法。

**学习目标**
- 了解旅游出行活动推广 H5 页面的项目策划思路。
- 熟悉旅游出行活动推广 H5 页面的交互设计思路。

**技能目标**
- 掌握旅游出行活动推广 H5 页面的视觉设计方法。
- 掌握旅游出行活动推广 H5 页面的制作和发布方法。

**素养目标**
- 加深学生对祖国美好风光的热爱。

# 10.1 课堂案例——旅游出行活动推广 H5 页面的制作

【案例学习目标】了解旅游出行活动推广 H5 页面项目策划及交互设计，掌握使用 Photoshop 制作 H5 页面视觉效果的方法，学习使用 iH5 制作页面效果，使用 iH5 的页面、动效、事件、横幅制作功能制作最终效果和发布 H5 的方法。

【案例知识要点】使用谷歌浏览器登录 iH5 官网，使用 iH5 制作旅游出行活动推广 H5 页面，使用 Photoshop 制作页面的视觉效果，使用 iH5 的页面、动效、事件、横幅功能制作最终效果，效果如图 10-1 所示。

【效果所在位置】云盘 /Ch10/ 效果 / 旅游出行活动推广 H5 页面的制作。

（局部）

图 10-1

## 10.1.1 项目策划

某旅行社在春节期间推出了三亚五日游旅行套餐，现在想策划一款 H5 页面来推广该旅行套餐。在内容上，首先模拟锁屏界面，界面提示收到微信消息，点击消息进入模拟的微信聊天界面，亲戚分享旅行心情并邀请浏览其朋友圈，接着场景转换到模拟的朋友圈界面，开始浏览别人分享的各处景观。最后的页面，点击按钮可以跳转到三亚五日游的链接了解活动。针对视觉，模拟了锁屏、微信聊天和朋友圈界面，加强了代入感。针对制作，微信聊天以及朋友圈观看会以视频的形式展现，同时浏览朋友圈的视频中也嵌入了很多小视频，使整个 H5 页面非常生动。

## 10.1.2　交互设计

通过前期基本的项目策划，设计师对 H5 页面的原型进行了梳理，并运用 Axure 进行了绘制，如图 10-2 所示。

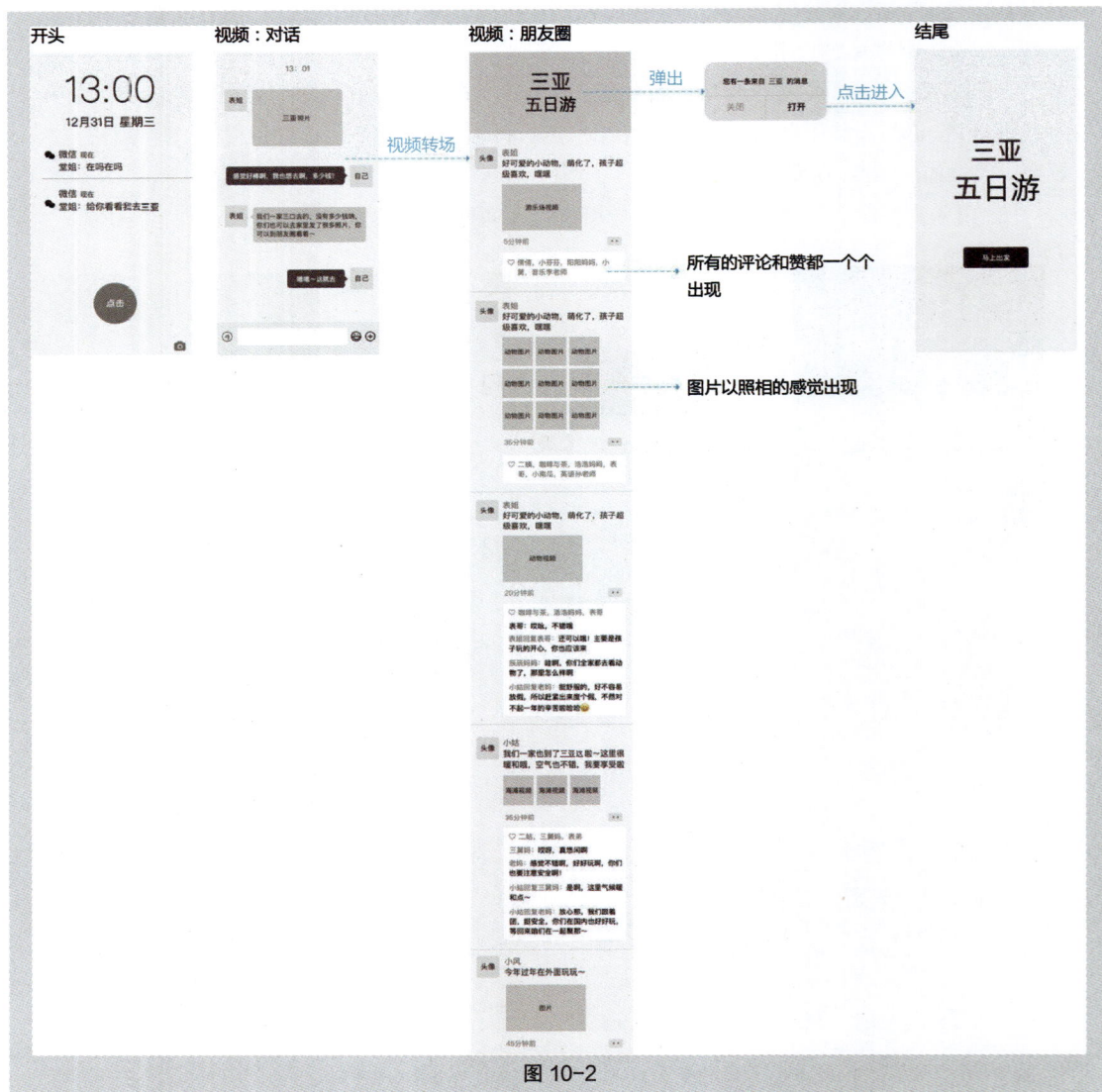

图 10-2

## 10.1.3　视觉设计

### 1. 开头

（1）打开 Photoshop。按 "Ctrl+N" 组合键，新建一个文件，宽度为 640 像素，高度为 1249 像素，分辨率为 72 像素 / 英寸，背景内容为白色。单击 "创建" 按钮，完成文档新建。

（2）选择"文件 > 置入嵌入对象"命令，弹出"置入嵌入的对象"对话框。选择云盘中的"Ch10 > 旅游出行活动推广 H5 页面的制作 > 视觉设计 > 素材 > 开头 > 01"文件，单击"置入"按钮。按"Enter"键确定操作，效果如图 10-3 所示，在"图层"控制面板中生成新图层并将其命名为"底图"。

（3）选择"横排文字工具" **T.**，在适当的位置输入需要的文字并选择文字。在属性栏中选择合适的字体并设置文字大小，将文字颜色设为白色。选择文字图层，按"Alt+ ←"组合键，适当调整文字的字距，效果如图 10-4 所示，在"图层"控制面板中生成新的文字图层。

图 10-3                          图 10-4

（4）用相同的方法输入文字，在属性栏中分别选择合适的字体并设置文字大小，效果如图 10-5 所示，在"图层"控制面板中生成新的文字图层。在"图层"控制面板中，按住"Shift"键的同时，将"13：00"文字图层和"12 月 31 日……"文字图层同时选择，按"Ctrl+G"组合键，编组图层并将其命名为"日期"。

（5）选择"圆角矩形工具" **◻.**，将属性栏中的"选择工具模式"选项设为"形状"，"填充"选项设为浅绿色（200,232,224），"描边"选项设为"无颜色"，"半径"选项设为"16 像素"。在图像窗口中绘制圆角矩形，在"图层"控制面板中生成新的形状图层"圆角矩形 1"。在"图层"控制面板上方，将该图层的"不透明度"选项设为"80%"。按"Enter"键确定操作，效果如图 10-6 所示。

图 10-5                          图 10-6

（6）选择"文件 > 置入嵌入对象"命令，弹出"置入嵌入的对象"对话框。选择云盘中的"Ch10 > 旅游出行活动推广 H5 页面的制作 > 视觉设计 > 素材 > 开头 > 02"文件，单击"置入"按钮，调整图形大小并将其拖曳到适当的位置。按"Enter"键确认操作，效果如图 10-7 所示，在"图层"控制面板中生成新图层并将其命名为"微信图标"。

（7）选择"横排文字工具" **T.**，在适当的位置输入需要的文字并选择文字。在属性栏中选择合适的字体并设置文字大小，将文字颜色设为翠绿色（0,138,123），效果如图 10-8 所示，在"图层"控制面板中生成新的文字图层。

图 10-7　　　　　　　　　图 10-8

（8）用相同的方法输入其他文字，效果如图 10-9 所示。在"图层"控制面板中，按住"Shift"键的同时，将"圆角矩形 1"图层和"在吗在吗"文字图层及它们之间的所有图层同时选择。按"Ctrl+G"组合键，编组图层并将其命名为"消息 1"，如图 10-10 所示。

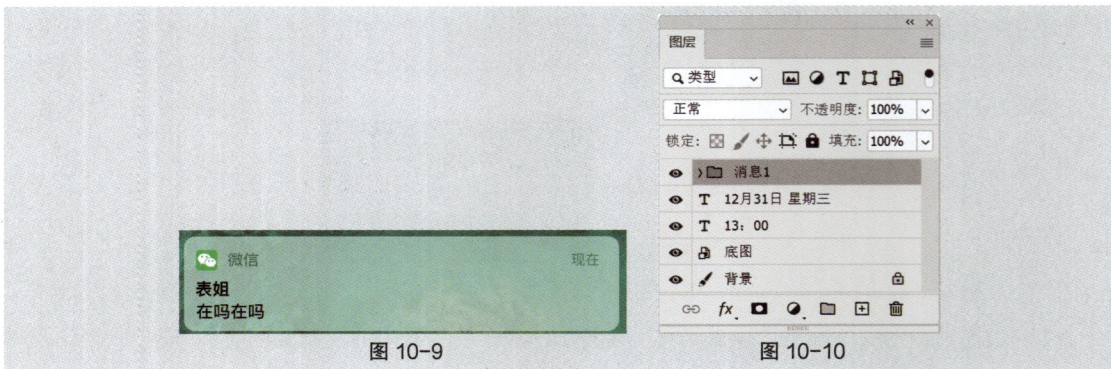

图 10-9　　　　　　　　　图 10-10

（9）在"图层"控制面板中，按"Ctrl+J"组合键，复制"消息 1"图层组，生成新图层组并将其命名为"消息 2"。选择"移动工具" ⊕，按住"Shift"键的同时，将图形垂直拖曳到适当的位置，效果如图 10-11 所示。

（10）选择"横排文字工具" T，选择"在吗在吗"文字图层并修改为需要的文字，效果如图 10-12 所示。

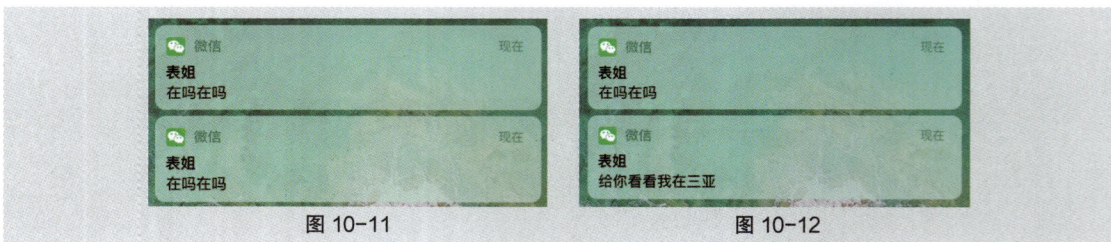

图 10-11　　　　　　　　　图 10-12

（11）选择"椭圆工具" ○，在属性栏中将"填充"选项设为黑色，"描边"选项设为"无颜色"。按住"Shift"键的同时，在图像窗口中适当的位置绘制圆形，效果如图 10-13 所示，在"图层"控制面板中生成新的形状图层"椭圆 1"。在"图层"控制面板上方，将该图层的"不透明度"选项设为"10%"。按"Enter"键确认操作，效果如图 10-14 所示。

（12）选择"横排文字工具" T，在适当的位置输入需要的文字并选择文字，在属性栏中选择合适的字体并设置文字大小，将文字颜色设为白色，效果如图 10-15 所示，在"图层"控制面板中生成新的文字图层。在"图层"控制面板中，按住"Shift"键的同时，将"椭圆 1"图层和"点击"文字图层同时选择，按"Ctrl+G"组合键，编组图层并将其命名为"点击"。

图 10-13　　　　　　　图 10-14　　　　　　　图 10-15

（13）在"图层"控制面板中，选择"底图"图层，单击鼠标右键，在弹出的菜单中选择"快速导出为 PNG"命令，在弹出的"存储为"对话框中将其重命名。单击"保存"按钮，将图片保存。用相同的方法导出其他图层组。

（14）按"Ctrl+S"组合键，弹出"存储为"对话框，将"文件名"设为"旅游出行活动推广 H5 页面的制作 – 开头"，选择 PSD 格式，单击"保存"按钮，弹出"Photoshop 格式选项"对话框，单击"确定"按钮，将文件保存。

**2．视频：对话**

（1）按"Ctrl+N"组合键，新建一个文件，宽度为 640 像素，高度为 1249 像素，分辨率为 72 像素 / 英寸，背景内容为浅灰色（228,228,228）。单击"创建"按钮，完成文档新建。

（2）选择"横排文字工具" T.，在适当的位置输入需要的文字并选择文字。在属性栏中选择合适的字体并设置文字大小，将文字颜色设为深灰色（149,149,149），效果如图 10-16 所示，在"图层"控制面板生成新的文字图层。

（3）选择"圆角矩形工具" ◻.，在属性栏中将"填充"选项设为黑色，"半径"选项设为"4 像素"。在图像窗口中绘制圆角矩形，效果如图 10-17 所示，在"图层"控制面板中生成新的形状图层"圆角矩形 1"。

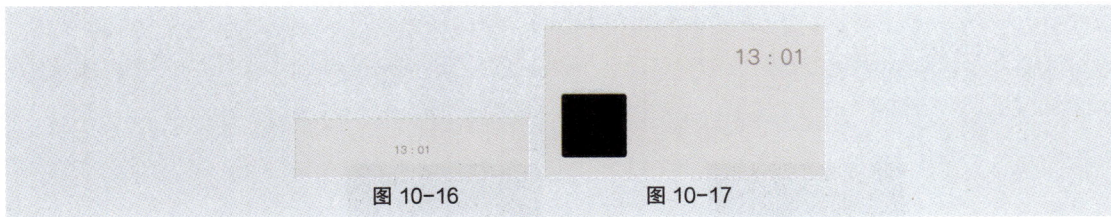

图 10-16　　　　　　　图 10-17

（4）选择"文件 > 置入嵌入对象"命令，弹出"置入嵌入的对象"对话框。选择云盘中的"Ch10 > 旅游出行活动推广 H5 页面的制作 > 视觉设计 > 素材 > 视频：对话 > 01"文件，单击"置入"按钮，将图片置入图像窗口中。将其拖曳到适当的位置并调整大小，按"Enter"键确定操作，在"图层"控制面板中生成新图层并将其命名为"头像 1"。按"Alt+Ctrl+G"组合键，为图层创建剪贴蒙版，效果如图 10-18 所示。

（5）选择"圆角矩形工具" ⬜，在图像窗口中绘制圆角矩形，效果如图 10-19 所示，在"图层"控制面板中生成新的形状图层"圆角矩形 2"。

图 10-18 　　　　　图 10-19

（6）选择"添加锚点工具" ✏️，在图形上单击添加锚点，如图 10-20 所示。选择"转换点工具" ⬐，单击转换锚点。选择"直接选择工具" ▶，选取需要的锚点，将其拖曳到适当的位置，效果如图 10-21 所示。

（7）选择"文件 > 置入嵌入对象"命令，弹出"置入嵌入的对象"对话框。选择云盘中的"Ch10 > 旅游出行活动推广 H5 页面的制作 > 视觉设计 > 素材 > 视频：对话 > 02"文件，单击"置入"按钮，将图片置入图像窗口中。将其拖曳到适当的位置并调整大小，按"Enter"键确定操作，在"图层"控制面板中生成新图层并将其命名为"视频"。按"Alt+Ctrl+G"组合键，为图层创建剪贴蒙版，效果如图 10-22 所示。按住"Shift"键的同时，将"圆角矩形 1"图层和"视频"图层及它们之间的所有图层同时选择，按"Ctrl+G"组合键，编组图层并将其命名为"对话 1"。

图 10-20 　　图 10-21 　　　　　图 10-22

（8）选择"圆角矩形工具" ⬜，在图像窗口中绘制圆角矩形，效果如图 10-23 所示，在"图层"控制面板中生成新的形状图层"圆角矩形 3"。

（9）选择"文件 > 置入嵌入对象"命令，弹出"置入嵌入的对象"对话框。选择云盘中的"Ch10 > 旅游出行活动推广 H5 页面的制作 > 视觉设计 > 素材 > 视频：对话 > 03"文件，单击"置入"按钮，将图片置入图像窗口中。将其拖曳到适当的位置并调整大小，按"Enter"键确定操作，在"图层"控制面板中生成新图层并将其命名为"头像 2"。按"Alt+Ctrl+G"组合键，为图层创建剪贴蒙版，效果如图 10-24 所示。

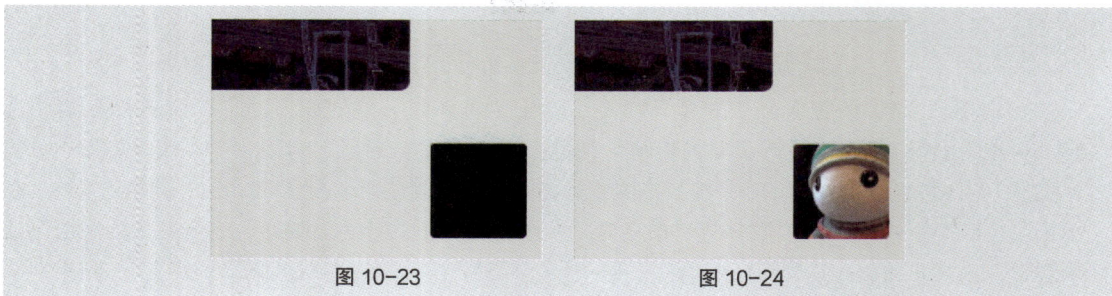

图 10-23 　　　　　图 10-24

（10）选择"圆角矩形工具" ▢，在属性栏中将"填充"选项设为绿色（160,231,89），"半径"选项设置为"4 像素"。在图像窗口中绘制圆角矩形，效果如图 10-25 所示，在"图层"控制面板中生成新的形状图层"圆角矩形 4"。

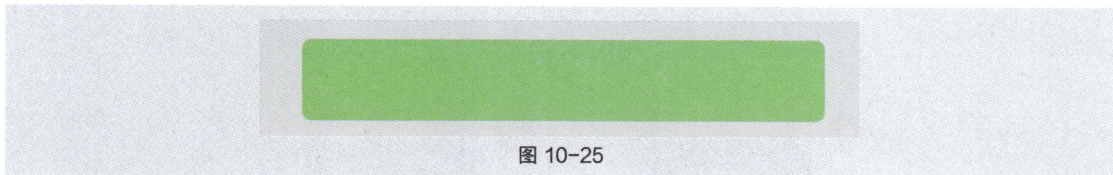

图 10-25

（11）选择"路径选择工具" ▶，单击选取图形。选择"添加锚点工具" ✏，在图形上单击添加锚点，如图 10-26 所示。选择"转换点工具" ⊾，单击转换锚点。选择"直接选择工具" ▶，选取需要的锚点。按"Shift+ →"组合键，移动锚点，效果如图 10-27 所示。

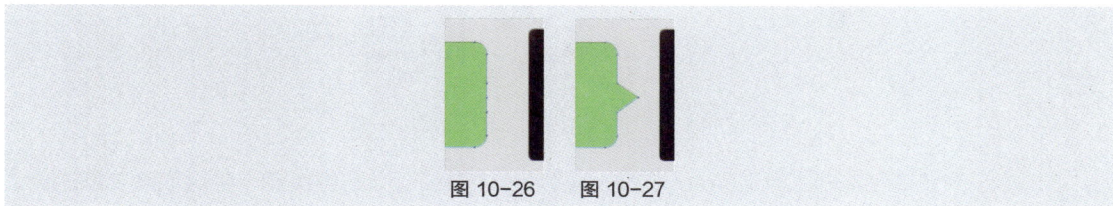

图 10-26　　图 10-27

（12）选择"横排文字工具" T，在适当的位置输入需要的文字并选择文字。在属性栏中选择合适的字体并设置文字大小，将文字颜色设为黑色，效果如图 10-28 所示，在"图层"控制面板生成新的文字图层。按住"Shift"键的同时，将"圆角矩形 3"图层和"感觉好棒啊……"文字图层及它们之间的所有图层同时选择。按"Ctrl+G"组合键，编组图层并将其命名为"对话 2"。

图 10-28

（13）在"图层"控制面板中，按"Ctrl+J"组合键，复制"对话 1"图层组，生成新图层组并将其命名为"对话 3"。将"对话 3"图层组拖曳到"对话 2"图层组的上方，如图 10-29 所示。选择"移动工具" ✛，连续按"Shift+ ↓"组合键，将图形移动到适当的位置，效果如图 10-30 所示。

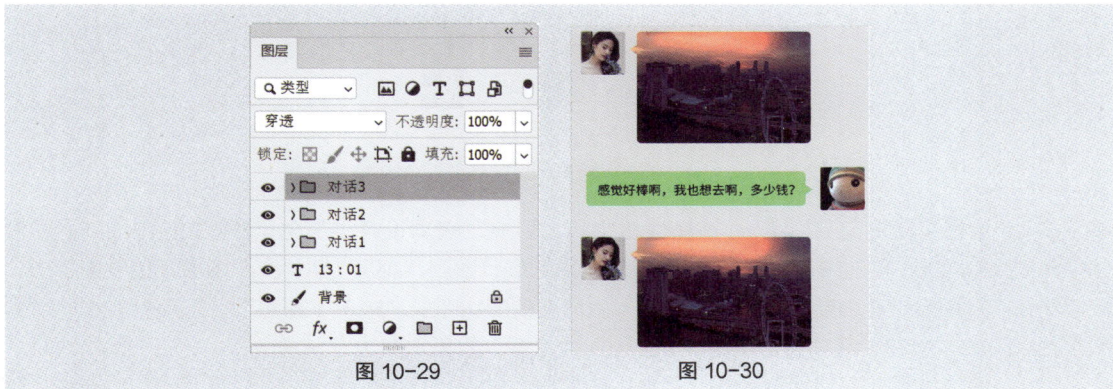

图 10-29　　　　　　　　图 10-30

（14）单击展开"对话 3"图层组，选择"视频"图层，按"Delete"键删除图层。选择"圆角矩形工具" ▢，在属性栏中设置"填充"选项为白色，效果如图 10-31 所示。选择"横排文字工具" T，在适当的位置输入需要的文字并选择文字，在属性栏中选择合适的字体并设置文字大小。按"Alt+ ↑"组合键，调整文字行距，效果如图 10-32 所示，在"图层"控制面板生成新的文字图层。

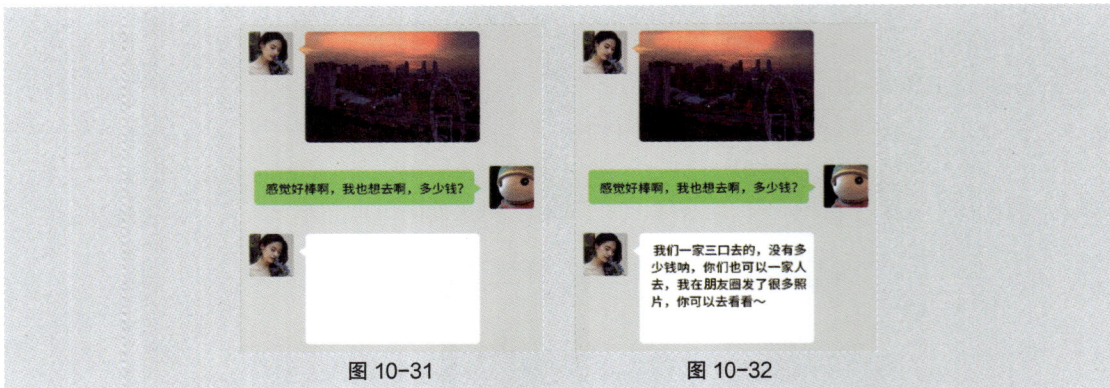

图 10-31              图 10-32

（15）选择"直接选择工具" ▸，选取"圆角矩形 2"图层，在图像窗口中选取需要的锚点，如图 10-33 所示。连续按"Shift+ ↑"组合键，将其移动到适当的位置，效果如图 10-34 所示。

图 10-33              图 10-34

（16）用上述方法制作其他图形和文字，效果如图 10-35 所示。在"图层"控制面板中，按住"Shift"键的同时，将"对话 1"图层组和"对话 4"图层组及它们之间的所有图层同时选择，按"Ctrl+ G"组合键，编组图层并将其命名为"内容区"。

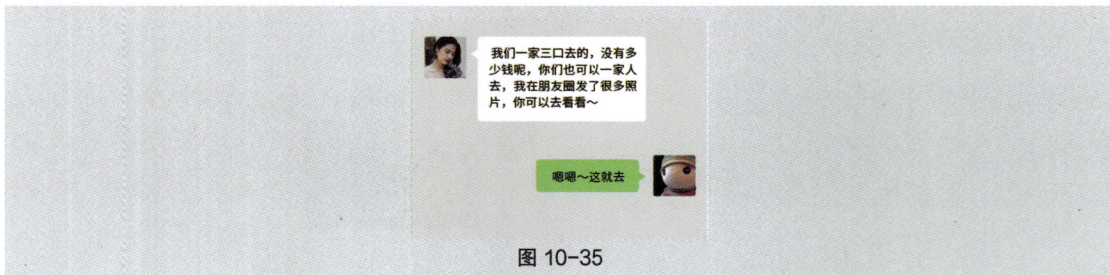

图 10-35

（17）选择"矩形工具" ▢，在属性栏中将"填充"选项设为浅灰色（228,228,228）。在图像窗口中绘制矩形，在"图层"控制面板中生成新的形状图层"矩形 1"。在"图层"控制面板中，按"Ctrl+J"组合键，复制"矩形 1"图层，生成新的形状图层"矩形 1 拷贝"。在属性栏中将"矩形 1 拷贝"的"填充"选项设为灰色（191,191,191），效果如图 10-36 所示。

（18）选择"窗口 > 属性"命令，在弹出的面板中单击"蒙版"按钮，切换到"蒙版"面板，将

H5 页面设计与制作（全彩慕课版）（第 2 版）

"羽化"选项设为"10 像素"，如图 10-37 所示，效果如图 10-38 所示。在"图层"控制面板中，将"矩形 1 拷贝"图层拖曳到"矩形 1"图层的下方。连续按"↑"键，将其移动到适当的位置，效果如图 10-39 所示。

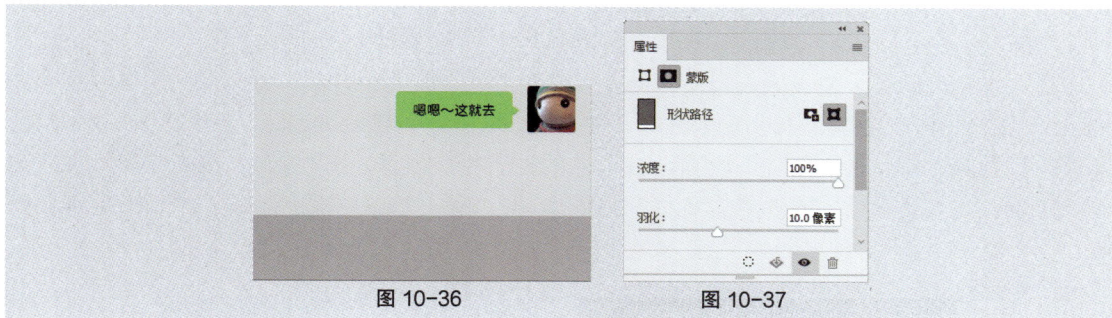

图 10-36　　　　　　　　　图 10-37

图 10-38　　　　　　　　　图 10-39

（19）选择"圆角矩形工具" ▢ ，在图像窗口中绘制圆角矩形。在属性栏中将"填充"选项设为白色，"半径"选项设为"10 像素"，效果如图 10-40 所示，在"图层"控制面板中生成新的形状图层"圆角矩形 5"。

图 10-40

（20）按"Ctrl + O"组合键，打开云盘中的"Ch10 > 旅游出行活动推广 H5 页面的制作 > 视觉设计 > 素材 > 视频：对话 > 04"文件。选择"移动工具" ⊕ ，将"语音"图形拖曳到图像窗口中适当的位置，效果如图 10-41 所示，在"图层"控制面板中生成新的形状图层"语音"。用相同的方法添加其他形状图层，效果如图 10-42 所示。在"图层"控制面板中，按住"Shift"键的同时，将"添加"形状图层和"矩形 1 拷贝"形状图层及它们之间的所有图层同时选择，按"Ctrl+G"组合键，编组图层并将其命名为"语音输入框"。

图 10-41　　　　　　　　　图 10-42

（21）按"Ctrl+S"组合键，弹出"存储为"对话框，将"文件名"设为"旅游出行活动推广 H5 页面的制作 – 视频：对话"，选择 PSD 格式，单击"保存"按钮，弹出"Photoshop 格式选项"对话框，单击"确定"按钮，将文件保存。

**3．视频：朋友圈**

（1）按"Ctrl+N"组合键，新建一个文件，宽度为 640 像素，高度为 4100 像素，分辨率为 72 像素 / 英寸，背景内容为白色。单击"创建"按钮，完成文档新建。

（2）选择"矩形工具" ，在属性栏中将"填充"选项设为黑色，在图像窗口中绘制矩形，如图 10-43 所示，在"图层"控制面板中生成新的形状图层"矩形 1"。

（3）选择"文件 > 置入嵌入对象"命令，弹出"置入嵌入的对象"对话框。选择云盘中的"Ch10 > 旅游出行活动推广 H5 页面的制作 > 视觉设计 > 素材 > 视频：朋友圈 > 01"文件，单击"置入"按钮，将图片置入图像窗口中。将其拖曳到适当的位置并调整大小，按"Enter"键确定操作，在"图层"控制面板中生成新图层并将其命名为"背景"。按"Alt+Ctrl+G"组合键，为图层创建剪贴蒙版，效果如图 10-44 所示。

图 10-43                        图 10-44

（4）选择"文件 > 置入嵌入对象"命令，弹出"置入嵌入的对象"对话框。分别选择云盘中的"Ch10 > 旅游出行活动推广 H5 页面的制作 > 视觉设计 > 素材 > 视频：朋友圈 > 02、03"文件，单击"置入"按钮，将图片置入图像窗口中。将其拖曳到适当的位置并调整大小，按"Enter"键确定操作，效果如图 10-45 所示，在"图层"控制面板中分别生成新图层并将其命名为"主题"和"树叶"。在"图层"控制面板中，按住"Shift"键的同时，将"矩形 1"图层和"热气球"图层及它们之间的所有图层同时选择。按"Ctrl+G"组合键，编组图层并将其命名为"相册封面"。

（5）选择"圆角矩形工具" ，在属性栏中将"半径"选项设为"10 像素"，在图像窗口中绘制圆角矩形，效果如图 10-46 所示，在"图层"控制面板中生成新的形状图层"圆角矩形 1"。

（6）选择"文件 > 置入嵌入对象"命令，弹出"置入嵌入的对象"对话框。选择云盘中的"Ch10 > 旅游出行活动推广 H5 页面的制作 > 视觉设计 > 素材 > 视频：朋友圈 > 04"文件，单击"置入"按钮，将图片置入图像窗口中。将其拖曳到适当的位置并调整大小，按"Enter"键确定操作，在"图层"控制面板中生成新图层并将其命名为"头像 1"。按"Alt+Ctrl+G"组合键，为图层创建剪贴蒙版，效果如图 10-47 所示。

图 10-45                        图 10-46                        图 10-47

（7）选择"横排文字工具" ，在适当的位置输入需要的文字并选择文字。在属性栏中选择合适的字体并设置文字大小，将文字颜色设为灰蓝色（45,75,94），效果如图 10-48 所示，在"图层"

控制面板生成新的文字图层。

（8）选择"横排文字工具" T.，在适当的位置输入需要的文字并选择文字。在属性栏中选择合适的字体并设置文字大小，将文字颜色设为灰色（86,86,86），效果如图 10-49 所示，在"图层"控制面板生成新的文字图层。

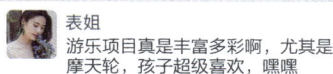

图 10-48　　　　　图 10-49

（9）选择"矩形工具" □.，在图像窗口中绘制矩形，效果如图 10-50 所示，在"图层"控制面板中生成新的形状图层"矩形 2"。

（10）选择"文件 > 置入嵌入对象"命令，弹出"置入嵌入的对象"对话框。选择云盘中的"Ch10 > 旅游出行活动推广 H5 页面的制作 > 视觉设计 > 素材 > 视频：朋友圈 > 05"文件，单击"置入"按钮，将图片置入图像窗口中。将其拖曳到适当的位置并调整大小，按"Enter"键确定操作，在"图层"控制面板中生成新图层并将其命名为"照片 1"。按"Alt+Ctrl+G"组合键，为图层创建剪贴蒙版，效果如图 10-51 所示。

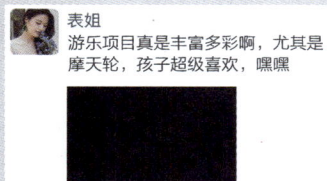

图 10-50　　　　　　　　　图 10-51

（11）选择"横排文字工具" T.，在适当的位置输入需要的文字并选择文字。在属性栏中选择合适的字体并设置文字大小，将文字颜色设为浅灰色（199,199,199），效果如图 10-52 所示，在"图层"控制面板生成新的文字图层。

（12）选择"圆角矩形工具" □.，在属性栏中将"填充"选项设为浅灰色（245,245,245），"半径"选项设为"6 像素"。在图像窗口中绘制圆角矩形，效果如图 10-53 所示，在"图层"控制面板中生成新的形状图层"圆角矩形 2"。

（13）选择"椭圆工具" ○.，在属性栏中将"填充"选项设为灰蓝色（45,75,94）。按住"Shift"键的同时，在图像窗口中绘制圆形，效果如图 10-54 所示，在"图层"控制面板中生成新的形状图层"椭圆 1"。选择"路径选择工具" ▶.，选取图形，按住"Alt+Shift"组合键的同时，将其水平向右拖曳到适当的位置，复制图形，效果如图 10-55 所示。

图 10-52　　　图 10-53　　　图 10-54　　　图 10-55

（14）选择"矩形工具" □.，在属性栏中将"填充"选项设为浅灰色（245,245,245），在图像窗口中绘制矩形，效果如图 10-56 所示，在"图层"控制面板中生成新的形状图层"矩形 3"。

（15）选择"添加锚点工具" ◊.，在图形上单击添加锚点，如图 10-57 所示。选择"转换点工具" ⌐.，单击转换锚点。

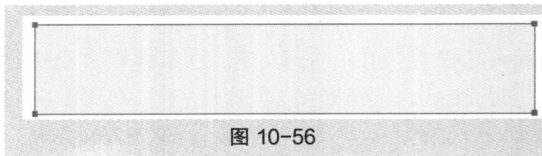
图 10-56

图 10-57

（16）选择"直接选择工具" ，选取需要的锚点，按"Shift+ ↑"组合键，将其移动到适当的位置，效果如图 10-58 所示。

（17）按"Ctrl + O"组合键，打开云盘中的"Ch10 > 旅游出行活动推广 H5 页面的制作 > 视觉设计 > 素材 > 视频：朋友圈 > 06"文件。选择"移动工具" ，将图形拖曳到图像窗口中适当的位置，效果如图 10-59 所示，在"图层"控制面板中生成新的形状图层"点赞"。

（18）选择"横排文字工具" ，在适当的位置输入需要的文字并选择文字。在属性栏中选择合适的字体并设置文字大小，将文字颜色设为浅蓝色（45,75,94）。按"Alt+ ↓"组合键，适当调整文字的行距，效果如图 10-60 所示，在"图层"控制面板生成新的文字图层。

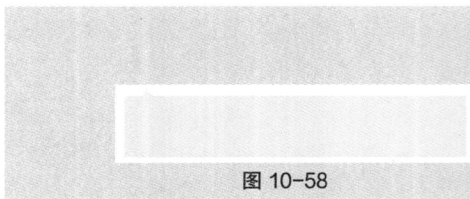
图 10-58

图 10-59

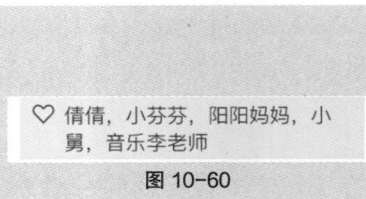
图 10-60

（19）选择"直线工具" ，在属性栏中将"粗细"选项设为"1 像素"，按住"Shift"键的同时，在图像窗口中绘制直线。在属性栏中将"填充"选项设为"无颜色"，"描边"选项设为灰色（199,199,199），效果如图 10-61 所示，在"图层"控制面板中生成新的形状图层"形状 1"。

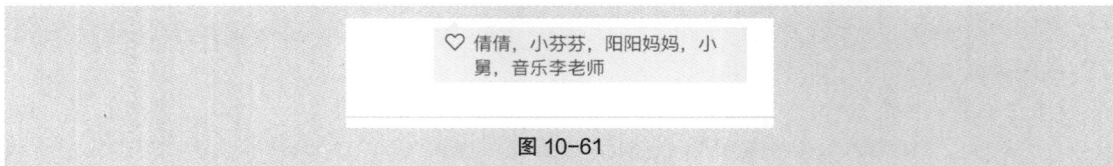
图 10-61

（20）在"图层"控制面板中，按住"Shift"键的同时，将"形状 1"形状图层和"圆角矩形 1"形状图层及它们之间的所有图层同时选择。按"Ctrl+G"组合键，编组图层并将其命名为"表姐 1"。

（21）在"图层"控制面板中，按"Ctrl+J"组合键，复制"表姐 1"图层组，生成新图层组并将其命名为"表姐 2"。按"Ctrl+T"组合键，选择"移动工具" ，将图形移动到适当的位置。单击展开"表姐 2"图层组，选择"照片 1"图层，按"Delete"键将其删除，效果如图 10-62 所示。

（22）选择"横排文字工具" ，输入需要的文字，效果如图 10-63 所示。用相同的方法调整其他文字内容。在"图层"控制面板中，按住"Shift"键的同时，将"形状 1"形状图层和"35 分钟前"文字图层及它们之间的所有图层同时选择。选择"移动工具" ，将图形和文字拖曳到适当的位置，效果如图 10-64 所示。

（23）选择"矩形 2"图层。选择"路径选择工具" ，选取图形，在"属性"控制面板中修改图形尺寸，如图 10-65 所示。按"Enter"键确定操作，效果如图 10-66 所示。

图 10-62　　　　　图 10-63　　　　　图 10-64

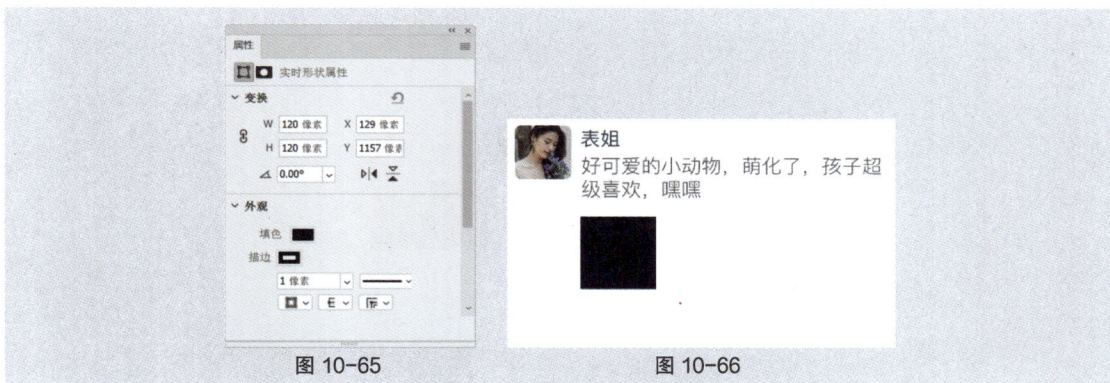

图 10-65　　　　　　　　图 10-66

（24）选择"移动工具" ⊕ ，选取图形，按住"Alt+Shift"组合键的同时，水平向右拖曳图形到适当的位置，复制图形，如图 10-67 所示。用相同的方法复制其他图形，效果如图 10-68 所示。

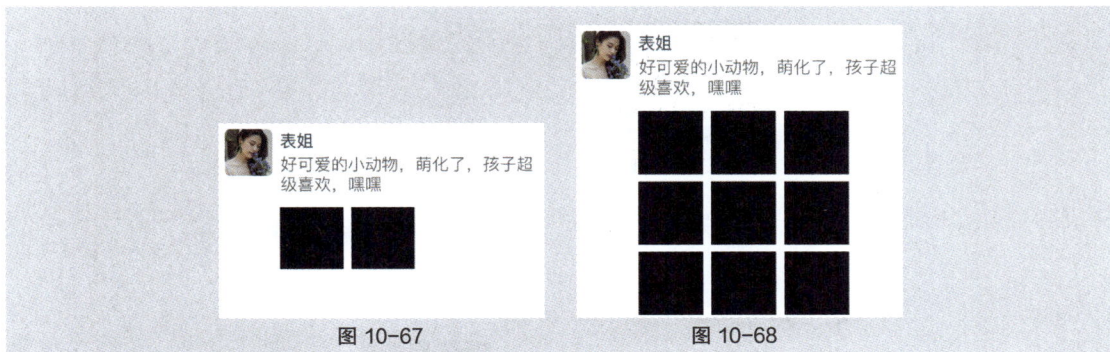

图 10-67　　　　　　　　图 10-68

（25）在图层控制面板中选择"矩形 2"形状图层。选择"文件 > 置入嵌入对象"命令，弹出"置入嵌入的对象"对话框。选择云盘中的"Ch10 > 旅游出行活动推广 H5 页面的制作 > 视觉设计 > 素材 > 视频：朋友圈 > 07"文件，单击"置入"按钮，将图片置入图像窗口中。将其拖曳到适当的位置并调整大小，按"Enter"键确定操作。按"Alt+Ctrl+G"组合键，为图层创建剪贴蒙版，效果如图 10-69 所示。用相同的方法置入其他照片并制作剪贴蒙版，效果如图 10-70 所示。

图 10-69                     图 10-70

（26）用上述方法制作其他内容，效果如图 10-71 所示。按"Ctrl+S"组合键，弹出"存储为"对话框，将"文件名"设为"旅游出行活动推广 H5 页面的制作 – 视频：朋友圈"，选择 PSD 格式。单击"保存"按钮，弹出"Photoshop 格式选项"对话框，单击"确定"按钮，将文件保存。

图 10-71

**4. 弹窗**

（1）按"Ctrl+N"组合键，新建一个文件，宽度为 482 像素，高度为 242 像素，分辨率为 72

像素／英寸，背景内容为透明。单击"创建"按钮，完成文档新建。

（2）选择"圆角矩形工具" ⬭，将属性栏中的"选择工具模式"选项设为"形状"，"填充"选项设为白色，"描边"选项设为"无颜色"，"半径"选项设为"40像素"。在图像窗口中绘制圆角矩形，如图10-72所示。在"图层"控制面板中生成新的形状图层"圆角矩形1"。

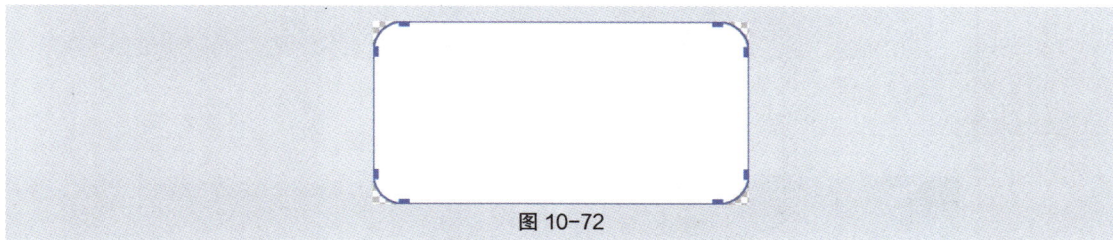

图 10-72

（3）选择"直线工具" ╱，在属性栏中将"填充"选项设为"无颜色"，"描边"选项设为灰色（238,238,238），"粗细"选项设为"2像素"。按住"Shift"键的同时，在图像窗口中绘制直线，效果如图10-73所示，在"图层"控制面板中生成新的形状图层"形状1"。使用相同的方法再次绘制直线，效果如图10-74所示。

图 10-73

图 10-74

（4）选择"横排文字工具" T，在适当的位置输入需要的文字并选择文字。在属性栏中选择合适的字体并设置文字大小，将文字颜色设为深灰色（54,54,54）。按"Alt+ →"组合键，适当调整文字的字距，效果如图10-75所示，在"图层"控制面板生成新的文字图层。用相同的方法输入其他文字并填充为浅灰色（196,196,196）和蓝色（2,167,240），效果如图10-76所示。

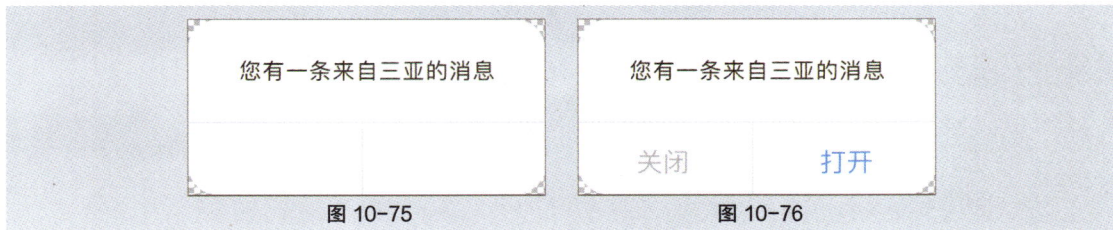

您有一条来自三亚的消息

图 10-75

您有一条来自三亚的消息

关闭　　　打开

图 10-76

（5）选择"文件 > 导出 > 存储为Web所用格式"命令，弹出"存储为Web所用格式"对话框，选择PNG-8格式，将图片保存。

（6）按"Ctrl+S"组合键，弹出"存储为"对话框，将"文件名"设为"旅游出行活动推广H5页面的制作 - 弹窗"，选择PSD格式。单击"保存"按钮，弹出"Photoshop格式选项"对话框，单击"确定"按钮，将文件保存。

**5. 结尾**

（1）按"Ctrl+N"组合键，新建一个文件，宽度为640像素，高度为1249像素，分辨率为72像素／英寸，背景内容为白色。单击"创建"按钮，完成文档新建。

（2）选择"文件 > 置入嵌入对象"命令，弹出"置入嵌入的对象"对话框。分别选择云盘中的"Ch10 > 旅游出行活动推广 H5 页面的制作 > 视觉设计 > 素材 > 结尾 > 01、02、03、04"文件，单击"置入"按钮，将图片置入图像窗口中。分别将其拖曳到适当的位置并调整大小，按"Enter"键确定操作，效果如图 10-77 所示，在"图层"控制面板中生成新图层并将其命名为"底图""树叶""文案""海鸥"。

（3）选择"圆角矩形工具" ⬜，在图像窗口中绘制圆角矩形。在属性栏中将"填充"选项设为蓝色（35,119,236），其他设置如图 10-78 所示，效果如图 10-79 所示。在"图层"控制面板中生成新的形状图层"矩形 1"。

图 10-77

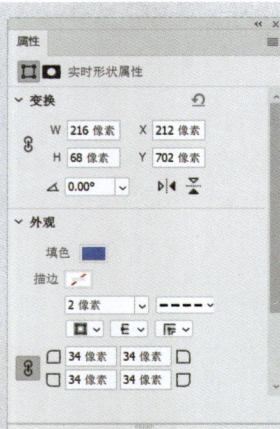
图 10-78

图 10-79

（4）选择"横排文字工具" T.，在适当的位置输入需要的文字并选择文字，在属性栏中选择合适的字体并设置文字大小。按"Alt+ →"组合键，适当调整文字的字距，效果如图 10-80 所示，在"图层"控制面板生成新的文字图层。

图 10-80

（5）按"Ctrl+S"组合键，弹出"存储为"对话框，将"文件名"设为"旅游出行活动推广 H5 页面的制作 – 结尾"，选择 PSD 格式。单击"保存"按钮，弹出"Photoshop 格式选项"对话框，单击"确定"按钮，将文件保存。

## 10.1.4　制作发布

（1）使用谷歌浏览器登录 iH5 官网。单击"创建作品"按钮，在弹出的"新建作品"对话框中选择"新版工具"选项，如图 10-81 所示。单击"创建作品"按钮，在弹出的对话框中单击"关闭"按钮，进入工作页面。

图 10-81

（2）在页面左侧的"舞台的属性"面板中修改舞台尺寸，具体设置如图 10-82 所示。单击右侧的"对象树"控制面板下方的"页面"按钮█，生成新的图层"页面 1"，如图 10-83 所示。选择"页面 1"图层，打开云盘中的"Ch10 > 旅游出行活动推广 H5 页面的制作 > 制作发布 > 01"文件，将其拖曳到图像窗口中适当的位置，在"对象树"控制面板中生成新的图层"01"，如图 10-84 所示。

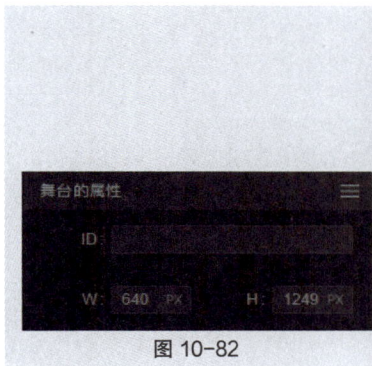

图 10-82

图 10-83

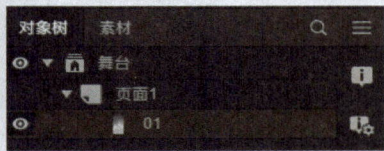

图 10-84

（3）选择"01"图层，在"01 的属性"面板中将"01"图层的对称点设为"中心"，坐标值为（320,625），如图 10-85 所示，效果如图 10-86 所示。用相同的方法添加其他素材并设置对称点与坐标值，效果如图 10-87 所示。

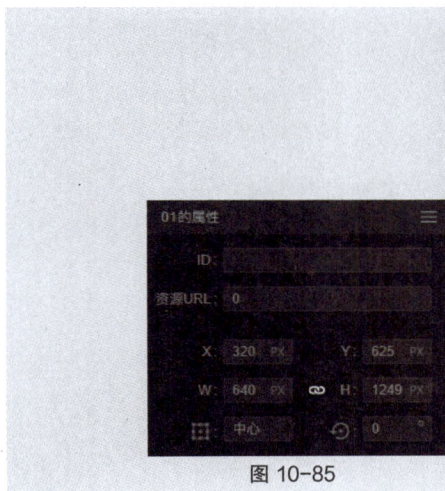

图 10-85

图 10-86

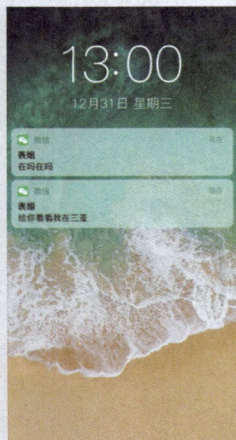

图 10-87

（4）选择"03"图层，在"03 的属性"面板中设置"初始可见"选项为关，在页面上方的菜单栏中选择"动效"命令，在弹出的菜单中选择"淡入"命令，如图 10-88 所示。用相同的方法为"04"图层添加动效。

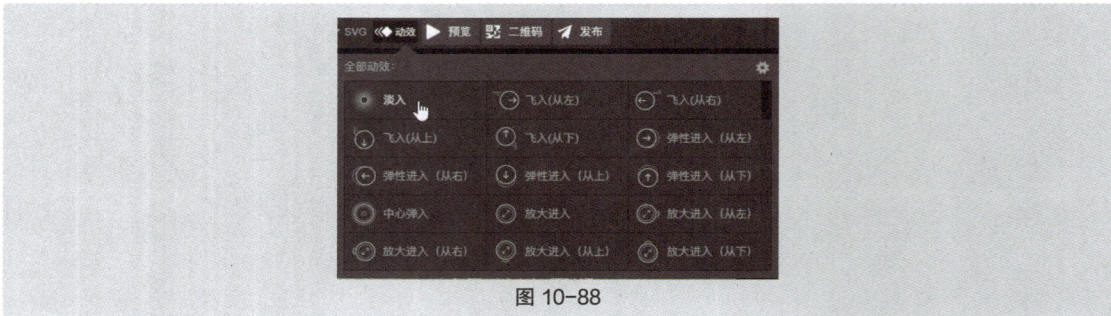

图 10-88

（5）选择"页面 1"图层，选择左侧工具栏中的"横幅工具" ，如图 10-89 所示，在页面中单击添加横幅。在"横幅 1 的属性"面板中将横幅 1 的"偏移 Y"选项设为"-200px"，如图 10-90 所示，将"整体分布"选项设为"中下"，如图 10-91 所示。

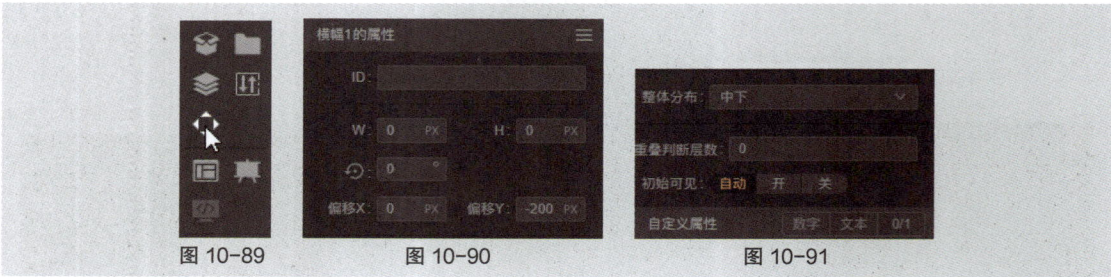

图 10-89　　　　　图 10-90　　　　　图 10-91

（6）打开云盘中的"Ch10 > 旅游出行活动推广 H5 页面的制作 > 制作发布 > 05"文件，将其拖曳到图像窗口中适当的位置，在"对象树"控制面板中生成新的图层"05"，如图 10-92 所示。在"05 的属性"面板中将"05"图层的对称点设为"中心"，其他设置如图 10-93 所示，效果如图 10-94 所示。

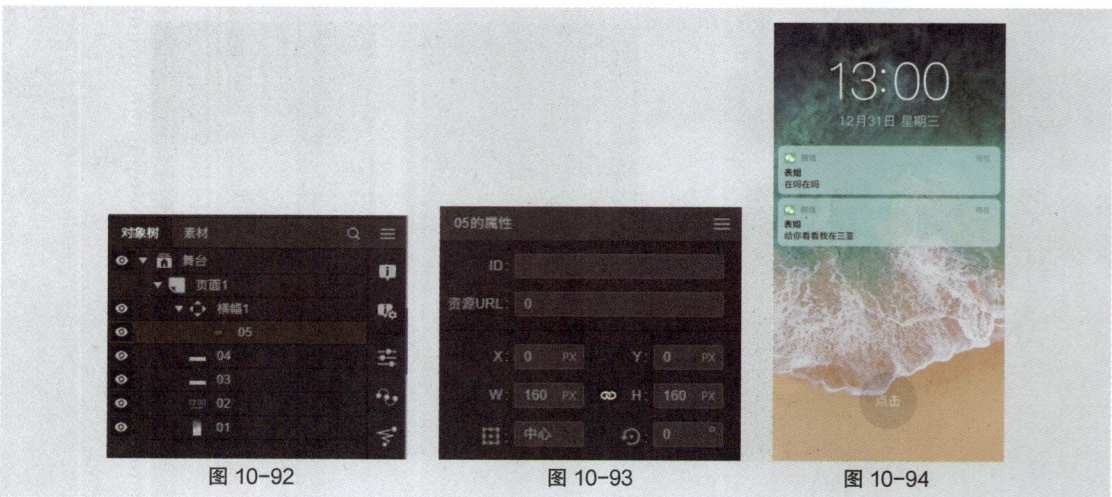

图 10-92　　　　　图 10-93　　　　　图 10-94

（7）在"对象树"控制面板中选择"页面 1"图层，单击左侧工具栏中的"音频"按钮 🎵，在弹出的对话框中选择云盘中的"Ch10 > 旅游出行活动推广 H5 页面的制作 > 制作发布 > 06"文件，在"对象树"控制面板中生成新音乐图层"06"，如图 10-95 所示。选取"06"图层，在"06 的属性"面板中设置"自动播放"选项为开，如图 10-96 所示。

 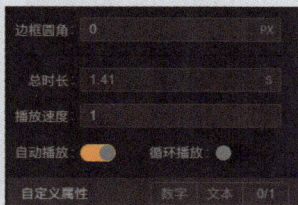

| 图 10-95 | 图 10-96 |
|---|---|

（8）选取"舞台"图层，单击"对象树"控制面板下方的"页面"按钮 🖥️，生成新的图层"页面 2"，如图 10-97 所示。选取"页面 2"图层，单击左侧工具栏中的"视频"按钮 📹，在弹出的对话框中单击确定按钮，在页面中单击，选择云盘中的"Ch10 > 旅游出行活动推广 H5 页面的制作 > 制作发布 > 07"文件，在"对象树"控制面板中生成新的视频图层并将其命名为"视频"，如图 10-98 所示。

| 图 10-97 | 图 10-98 |
|---|---|

（9）选择"视频"图层，在"07.mp4 的属性"面板中将"W"选项设为"640px"，"H"选项设为"1249px"，按"Enter"键确定操作，其他设置如图 10-99 所示，页面效果如图 10-100 所示。

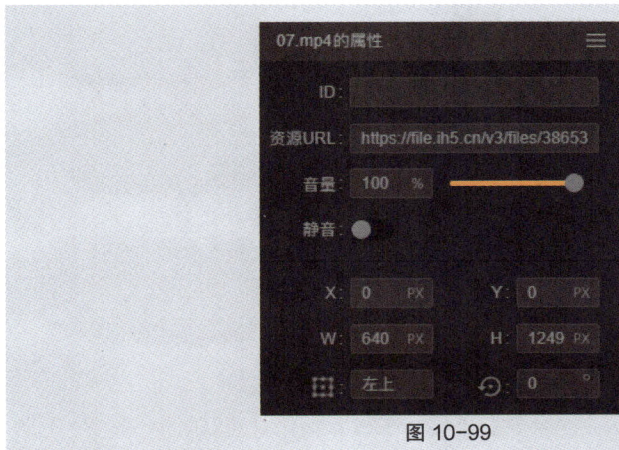 

| 图 10-99 | 图 10-100 |
|---|---|

（10）选择"页面 2"图层，选择左侧工具栏中的"横幅"工具 ⬛，在页面中单击添加横幅。在"横幅 1 的属性"面板中将横幅的"偏移 Y"选项设为"500px"，如图 10-101 所示，将"整体分布"选项设为"中上"，如图 10-102 所示。

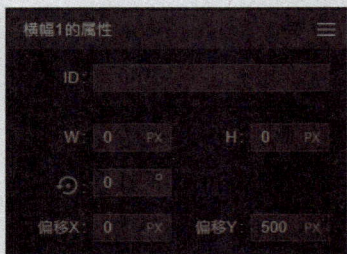

图 10-101

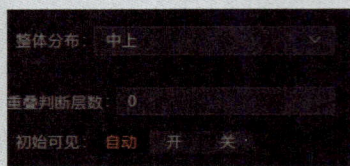

图 10-102

（11）打开云盘中的"Ch10 > 旅游出行活动推广 H5 页面的制作 > 制作发布 > 08"文件，将其拖曳到图像窗口中适当的位置，并将其命名为"弹窗"。在"弹窗的属性"面板中将"弹窗"图层的对称点设为中心，坐标值设为（0,0），"初始可见"选项设为关，"阴影颜色"设为浅灰色（#CCCCCC），其他设置如图 10-103 所示，按"Enter"键确定操作，页面效果如图 10-104 所示。

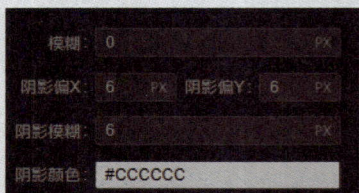

图 10-103

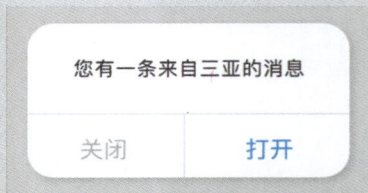

图 10-104

（12）选择"舞台"图层，单击"对象树"控制面板下方的"页面"按钮，生成新的图层"页面3"。打开云盘中的"Ch10 > 旅游出行活动推广 H5 页面的制作 > 制作发布 > 09~12"文件，分别将其拖曳到图像窗口中适当的位置，在"对象树"控制面板中分别生成新的图片图层，并分别为其重命名，如图 10-105 所示，分别为其设置对称点为"中心"并将其拖曳到适当的位置，页面效果如图 10-106 所示。

图 10-105

图 10-106

（13）选择"标题"图层，在"标题的属性"面板中将"初始可见"选项设为"关"，如图 10-107 所示。在页面上方的菜单栏中选择"动效"命令，在弹出的菜单中单击选择"缩小进入"命令，如图 10-108 所示。用相同的方法为其他图层添加动效。

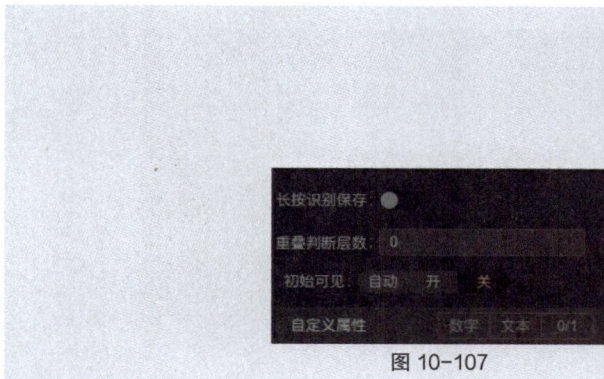

图 10-107

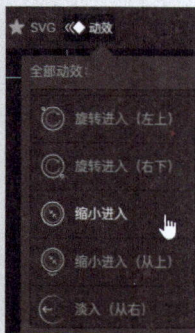

图 10-108

（14）在"对象树"控制面板中选择"页面3"图层，在页面上方的菜单栏中选择"小模块"命令，在弹出的菜单中选择"小模块 > 普通按钮 > 点击按钮2"命令，如图10-109所示。选择"点击按钮2"，在"点击按钮2-1的属性"面板中将"W"选项设为280，"H"选项设为80，如图10-110所示。设置"按钮颜色"为深蓝色（#2E57FD），"字体大小"为"30px"，"效果颜色"为浅蓝色（#66BDFF），在"文字"文本框中输入需要的文字，其他设置如图10-111所示，并将其拖曳到适当的位置。

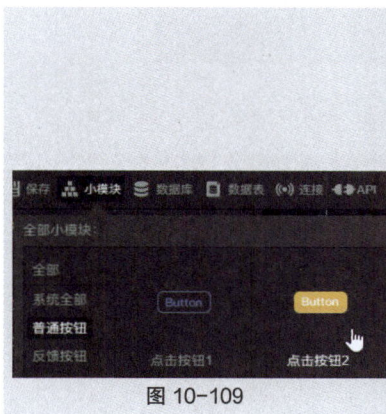

图 10-109

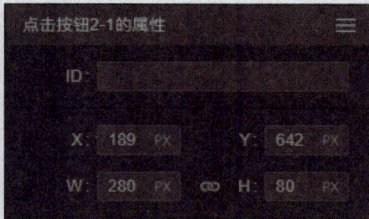

图 10-110

图 10-111

（15）在"对象树"控制面板中选择"舞台"图层，单击左侧工具栏中的"音频"按钮🎵，在弹出的对话框中选择云盘中的"Ch10 > 旅游出行活动推广H5页面的制作 > 制作发布 > 13"文件，在"对象树"控制面板中生成新的音乐图层并将其命名为"背景音乐"，如图10-112所示。在"背景音乐的属性"面板中将"音量"选项设为"20%"，如图10-113所示。

图 10-112

图 10-113

（16）在"对象树"控制面板中选择"05"图层，单击页面右上方的"事件"按钮，在弹出的面板中进行设置，如图10-114所示。

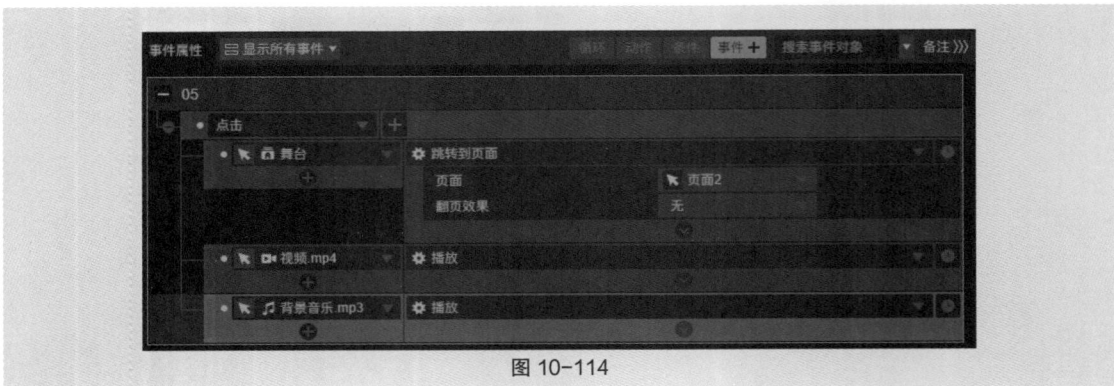

图 10-114

（17）在"对象树"控制面板中选择"视频"图层，单击页面右上方的"事件"按钮，在弹出的面板中进行设置，如图 10-115 所示。

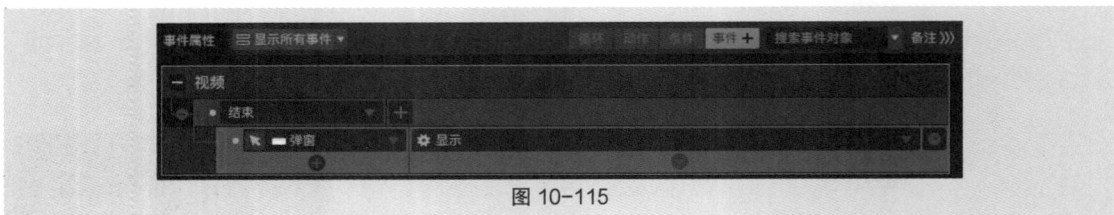

图 10-115

（18）在"对象树"控制面板中选择"弹窗"图层，单击页面右上方的"事件"按钮，在弹出的面板中进行设置，如图 10-116 所示。

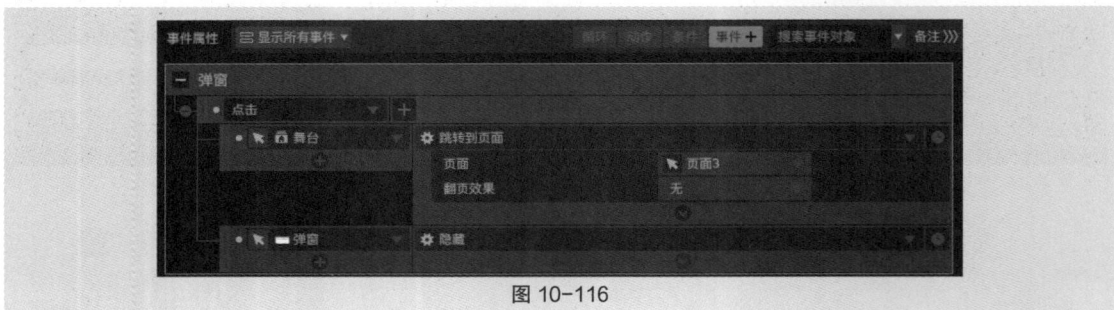

图 10-116

（19）在"对象树"控制面板中选择"页面 3"图层，单击页面右上方的"事件"按钮，在弹出的面板中进行设置，如图 10-117 所示。

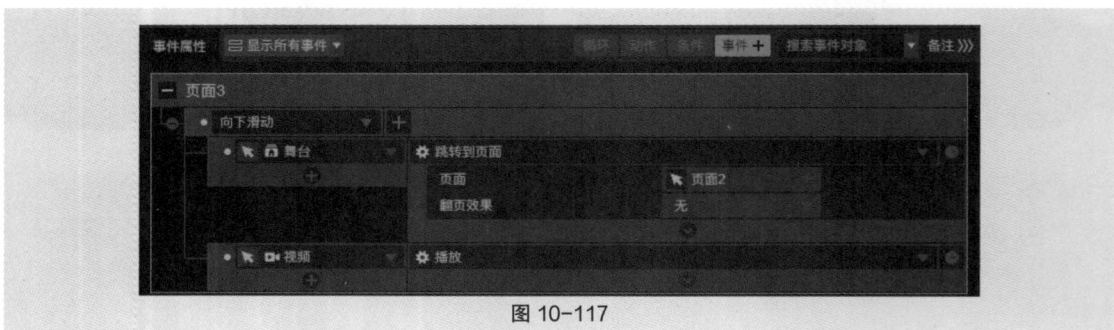

图 10-117

（20）在"对象树"控制面板中选择"页面1"图层，单击页面右上方的"事件"按钮，在弹出的面板中进行设置，如图10-118所示。

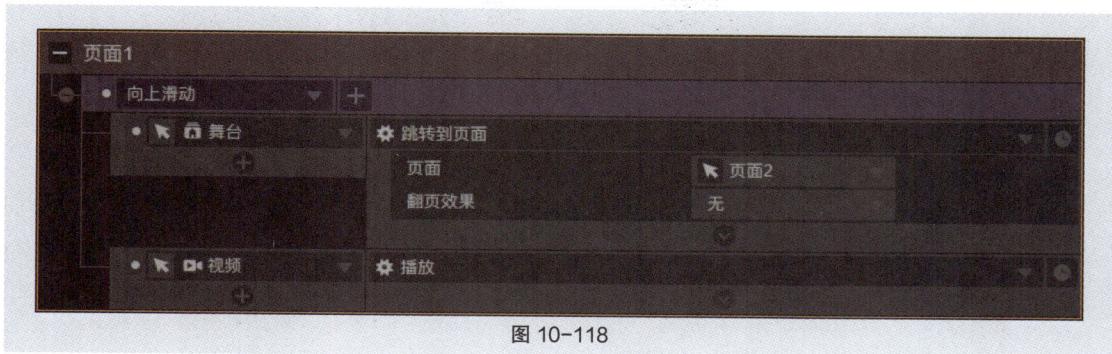

图10-118

（21）在"对象树"控制面板中选择"舞台"图层，单击左侧工具栏中的"微信"按钮，选择"微信1"图层。在"微信1属性"面板中分别输入标题和描述内容，单击分享截图选项。在弹出的对话框中选择云盘中的"Ch10 > 旅游出行活动推广H5页面的制作 > 制作发布 > 14"文件，如图10-119所示。

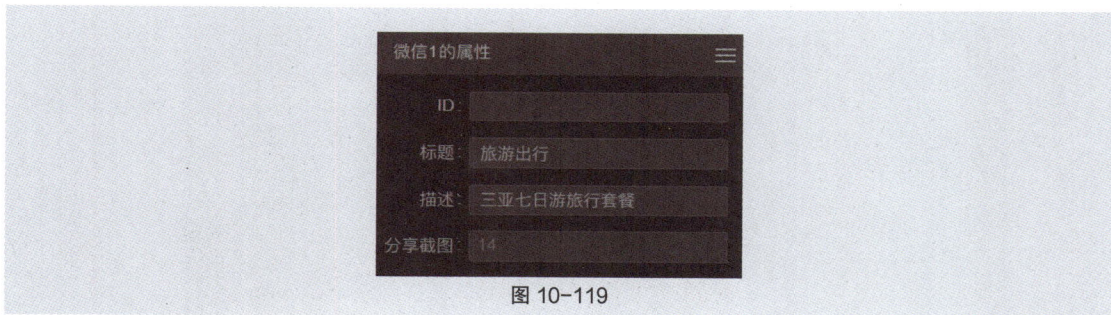

图10-119

（22）单击菜单栏中的"发布"按钮，弹出"发布作品"对话框。按照提示操作，再次单击"发布"按钮，即可成功发布作品，并生成二维码和小程序链接。至此，旅游出行活动推广H5页面制作发布完成。

## 10.2 课堂练习——文化传媒行业活动推广H5页面的制作

【练习知识要点】使用谷歌浏览器登录iH5官网，使用iH5制作文化传媒行业活动推广H5页面，使用Photoshop制作页面的视觉效果，使用iH5的动效、事件、横幅功能制作最终效果，效果如图10-120所示。

【效果所在位置】云盘 /Ch10/ 效果 / 文化传媒行业活动推广H5页面的制作。

图 10-120

## 10.3 课后习题——电子数码行业品牌推广 H5 页面的制作

【习题知识要点】使用谷歌浏览器登录 iH5 官网，使用 iH5 制作电子数码行业品牌推广 H5 页面，使用 Photoshop 制作页面的视觉设计，使用 iH5 的动效、事件、横幅功能制作最终效果，效果如图 10-121 所示。

【效果所在位置】云盘 /Ch10/ 效果 / 电子数码行业品牌推广 H5 页面的制作。

图 10-121

微课
电子数码行业
品牌推广 H5
页面的制作 1

微课
电子数码行业
品牌推广 H5
页面的制作 2

# 扩展知识扫码阅读

## 设计基础

✔认识形体

✔透视原理

✔认识设计

✔认识构成

✔形式美法则

✔点线面

✔基本型与骨骼

✔认识色彩

✔认识图案

✔图形创意

✔版式设计

✔字体设计

>>>

>>>

>>>

## 设计应用

✔创意绘画

✔图标设计

✔装饰设计

✔VI设计

✔UI设计

✔UI动效设计

✔标志设计

✔包装设计

✔广告设计

✔文创设计

✔网页设计

✔H5页面设计

✔电商设计

✔MG动画设计

✔网店美工设计

✔新媒体美工设计